我笑了，我装的

I am not ok,
but I smile anyway

洪培芸 /著

民主与建设出版社
·北京·

© 民主与建设出版社，2024

图书在版编目(CIP)数据

我笑了，我装的 / 洪培芸著. -- 北京 : 民主与建设出版社, 2024.8. -- ISBN 978-7-5139-4645-2

Ⅰ. B84-49

中国国家版本馆 CIP 数据核字第 20244FR804 号

著作权登记号：图字 01-2024-3529

本书中文繁体字版本由宝瓶文化事业股份有限公司在台湾出版，今授权人天兀鲁思（北京）文化传媒有限公司在中国大陆地区出版其中文简体字平装本版本。该出版权受法律保护，未经书面同意，任何机构与个人不得以任何形式进行复制、转载。

我笑了，我装的
WO XIAOLE WO ZHUANGDE

著　　者	洪培芸	
责任编辑	王　倩	
封面设计	刘晓敏	
出版发行	民主与建设出版社有限责任公司	
电　　话	（010）59417749　59419778	
社　　址	北京市海淀区西三环中路 10 号望海楼 E 座 7 层	
邮　　编	100142	
印　　刷	文畅阁印刷有限公司	
版　　次	2024 年 8 月第 1 版	
印　　次	2024 年 8 月第 1 次印刷	
开　　本	880 毫米 ×1230 毫米　1/32	
印　　张	7	
字　　数	157 千字	
书　　号	ISBN 978-7-5139-4645-2	
定　　价	48.00 元	

注：如有印、装质量问题，请与出版社联系。

目 录

关于微笑抑郁的 6 个问题

辑一 笑，是为了掩饰疼痛

毫无预警就陨落的生命 10
越来越多，不容轻视的"微笑抑郁"

你也是开心果吗？ 17
不被允许的脆弱和抑郁

一定要积极正向、温柔可人吗？ 25
我们都习惯对他人伪装自己，最后连自己都蒙蔽

微笑抑郁的社会层次 32
对于成功与幸福，单一的定义，局限的模式

"适者生存"，让我们活得腹背受敌 40
不仅是达尔文主义，还有骨子里的失败主义

微笑抑郁，一张你我都可能戴上的面具 47
面对压力，"不正常"才是正常反应

辑二 那些毫无预警就陨落的生命

明星、网红的微笑抑郁 ·················· 56
放下凌迟自己的刀,你无须坚强与完美

假面夫妻的微笑抑郁 ···················· 63
社群上的神仙眷侣,却是貌合神离……

伪单亲的微笑抑郁 ······················ 70
"负责"不是把自己逼到尽头

优等生的微笑抑郁 ······················ 77
孩子值得数字以外的美好和精彩

新女性的微笑抑郁 ······················ 83
拿掉"完美"的面具,你将更自由

不善表达的男性,难言之隐的微笑抑郁 ······ 90
男性往往成为抑郁症大多数

三明治世代的微笑抑郁 ·················· 97
责任不只是压力,更要看见背后的意义

创业老板的微笑抑郁 ···················· 104
了解尖角效应,不再微笑抑郁

空巢期的微笑抑郁 ······················ 111
终于照顾儿女到长大成人,却失去了人生的目标

突然来袭的微笑抑郁 ·············· 117
面临重大生活改变，如何应对？

身为儿女的微笑抑郁 ·············· 123
能者多劳？分明是能者过劳

长照家庭的微笑抑郁 ·············· 130
从角色认同中解脱

辑三 给自己悲伤的权利

你能成为想成为的人 ·············· 138
性格能改变，你是自己命运的主人

笑着笑着就哭了？我们需要面对真实的自己 ······· 145
无论悲伤或欣喜，都是你的一部分

给自己一点"讨厌人"的勇气 ·············· 151
请记得，以直报怨才是智慧

放下父母的期待，那些有条件的爱 ············ 158
自己的人生，自己定锚

微笑抑郁的生理层面 ·············· 166
因为"神经可塑性"，我们都能痊愈

认识你的敏感及共感特质 ·············· 173
尽管人言可畏，不再无疾而终

扩展性的信念 ················· 179
离开过去经验的囚牢

别让他人的忠告,反成为"善意"的束缚 ········· 186
乐于分享而成为网红、博主,却变得"压力山大"

不再知觉扭曲,需要锻炼弹性 ··········· 192
明明得到很多赞和正向回馈,却只看到恶毒的留言

正视不被接受的情绪 ················ 198
跨越评价焦虑,看见否认机制

如何让自己快乐? ·················· 205
快乐不是天注定,而是可以学习、锻炼及强化的能力

活在当下,就能播种希望 ·············· 212
每个人都需要希望感

关于微笑抑郁的 6 个问题

Q：什么是微笑抑郁？

英国剑桥大学（University of Cambridge）学者拉姆斯（Olivia Remes）指出，微笑抑郁症（Smiling Depression）指的是"有抑郁问题，但却成功将问题隐藏"的人。这样的人表面看起来很快乐，实则内心非常抑郁。

那么，微笑抑郁跟你我有什么关系呢？

因为我们都活在一个"慢性中毒"的时代。对于自己的心理健康及情绪状态缺乏认识，了解不足，更重要的是，我们都被社交软件绑架了！不只重度成瘾，而且还戒除不了。

我们的喜怒哀乐，被别人的留言和信息，以及社交软件上的点赞数牵着鼻子走。它牵动着我们所有的情绪，左右了我们的信息接收、思考、决策及判断能力，更影响着我们的人际关系及生活。

最明显的例证之一是 Facebook 在 2019 年底，已经计划将点赞数量隐藏，而 Instagram（IG）则是已经开始实行。两大社交媒体的改版再次证实了，因为网络的使用，给现代人带来了越发严重的心理问题，包括焦虑和抑郁。因为但凡是人，都有比较的心理。"比上不足，比下有余"这句话都是说给别人听的，自己其实根本就做不到；表面上带着微笑，私底下则是继续比较，然后越发痛苦和抑郁。

所以，每个人都很有可能是微笑抑郁的一分子。

Q：微笑抑郁跟抑郁症有什么差别？

我想，很多人都听过抑郁症（Depression），甚至对于这个词非常熟悉，无须多想就能指出身边哪些亲友曾经或正在受抑郁症所苦。那么微笑抑郁呢？

微笑抑郁是一种非典型的抑郁"表现"形式，在此强调的是"表现"，因为它和我们过去对于抑郁症的理解很不同。哪里不同呢？他们并没有满面愁容、声泪俱下、无精打采，表现出万念俱灰的样子，让你清清楚楚、明明白白地知道他们有着想死的念头，不再想要活下去。相反，他们所表现出来的，却是开心愉悦，甚至是幽默讨喜。微笑抑郁的人身处团体中，甚至常被当成开心果，也很喜欢逗朋友开心。然而当他们独处时，却深陷悲伤、痛苦及绝望，这正是旁人所看不到、无法触及的真实的一面。也因此，微笑抑郁难以被及早发现、介入、提供协助及治疗，有着高度风险。

《精神疾病诊断准则手册》（第五版）（DSM-V）中，抑郁症的诊断标准包括持续性的情绪低落、对所有活动失去兴趣、丧失愉悦感、活动减少、体重明显增加或减轻、失眠或睡眠过多、几乎每天都感到疲倦或精力不足、反复想到死亡等。悲观、伤心、难过、痛苦、社会功能丧失以及产生想死的念头，才符合多数人所以为（想象中）的抑郁症的状态。然而，每个人都是独一无二的个体，也就是，并非所有人的抑郁表现都会相同。

微笑抑郁的人，也有许多如同前述的抑郁表现，但那多半只是在私底下，无人知晓的情况下，或者在极少数特别信任的亲友面前才会显现出来。多数时间的他们都戴着微笑的面具，面具底下是无人理解的痛苦及抑郁。

所以，当微笑抑郁的人突然以自杀结束生命时，身边的亲友往往会相当震惊，无法相信。他们不是好端端的吗？前几天才通过电话，昨晚才一起吃过饭，欢笑声中还说着下半年要去哪里旅行，但在转眼瞬间，他却使用了决断的方式，让自己的生命骤然消逝。

Q：微笑抑郁有哪些征兆与症状？

征兆与症状很难辨识，因为抑郁的情绪及相关症状都藏得很深。自己不说出自己失眠，谁会知道他们彻夜无眠？总是擦干泪水，谁知道他们在伤心痛苦？

微笑抑郁的人知道社会期待的、旁人想要的是什么，所以总是戴着"我很好""我没事"的微笑面具。但是鸡蛋再密也有孔隙，演戏演久了也是会累的，多少还是会有些蛛丝马迹及端倪，可以让我们辨识。例如他们流露出对社会角色、自我期待的疲倦、无力、灰心及无望感等。

这时候，旁人能不能观察、侦测及察觉到，就要看我们的修为及功力了。

抑郁情绪不会因为压抑、否认及掩饰就能凭空消失，情绪一定要有出口。甚至，越是表现得乐观开朗的人，越是呈现正向坚强的人，越可能是在用这些阳光的一面，覆盖住内心的幽暗及阴影：抑郁、烦躁、自责、无能、疲倦、悲伤、焦虑、不安、恐慌及绝望。也在此时，抑郁相关的负面情绪持续累积，益发茁壮，树立起更加坚固，名为心理防卫机制的高墙，让旁人无从发现，并为他们提供帮助。

Q：哪些族群容易有微笑抑郁？

人人有机会，个个没把握。是的，每一个人都有可能微笑抑郁。因为所有人类的性格特质及倾向，每个人都会有，只是程度的差异不同。而且，当我们来到生命的不同阶段，就会承接不同的社会期待及相关的角色压力，潜在的性格特质及倾向在面临考验时，才会呈现出来，或者变得显著。这就像"巴南效应"（Barnum Effect）所说的，人们对于用来描述自己性格的形容词，总是给予相当准确的评价，然而这些描述大多十分模糊而且普遍，以至于能放诸四海而皆准，适用于所有人。

简言之，性格特质不是全有全无的分类，微笑抑郁也不是特定族群的专属。

这也很像我们常听到的一个名词：抗压性。能不能抗压，抗压性是高是低，那是盖棺才能论定的。每一个人都会因不同事件、不同角色，还有随着生命进展、学习及成长而提升的成熟度，进而表现出不同的抗压性，它不是全有全无的分类，而是相对的。

我在这本书中，会从两大层面来探讨容易受到微笑抑郁所苦的人。一部分是从社会环境及多重角色压力，包含了三明治世代、优等生、伪单亲、假面夫妻、名人、网红、新女性及家庭照顾者等来切入；另一部分则是从心理状态，包含了知觉扭曲、评价焦虑、心理防卫机制、限制性信念、高敏感及共感特质来说明。

Q：如果发现自己有微笑抑郁，该怎么做？

·检视抑郁的根源

抑郁其来有自，我们不是生来就抑郁的。那么，发现自己有微笑抑郁，就要面对自己，检视自己，探索自己内心深处引发抑郁的可能原因。有哪些不切实际的社会期待、不合理的自我要求、限制性的信念需要调整，甚至放下，这是属于自己一生的功课。

·找信任的亲友初步揭露

我们不是一座孤岛，把内心的层层顾虑及所有感受，透露给能够信任的家人及朋友，让他们知道我们内心的挣扎、痛苦及需求。也许不太容易，毕竟我们活到这把年纪，多少也有被出卖过的经历。树大必有枯枝，但人多必有知音。交付信任，尝试相信，一定有能够信任的朋友在等你，关心着你。

·寻找专业协助

现在有越来越多人加入心理专业领域，无论是精神科医师、临床心理师或心理咨询师都可以陪伴你，帮助你找到解开微笑抑郁的钥匙。同时，心理治疗都有专业伦理及保密原则，你不用担心你的隐私及故事尽人皆知。

Q：若身边的人有微笑抑郁，该如何协助？

- 陪伴是建立关系的基础，也是开始

为什么陪伴很重要？因为高品质的陪伴，并不容易做到。越来越多的人在陪伴时，一边玩手机，同时三心二意。此外，建立关系相当重要，因为关系建立稳固后，后面说的话才能听得进去。

每个人都希望自己对对方的帮助能够立竿见影，成效越快越好，但是我们也都听过"心急吃不了热豆腐"这句谚语，协助身边的人走出忧伤及困境，一直以来都是急不得、快不来的。为什么呢？因为多数微笑抑郁的人是敏感的。我们越是心急，就越会增加他们的压力，让他们以为，我们认为他们是麻烦及负担。

- 不要勉强他们，那只会让微笑抑郁的人越离越远，更加封闭自己的感受及内心

你只要让他们知道，深深地感受到，当他们愿意讲的时候，你会在，而且一定在。

这段时间就是对于彼此的考验及测试时期。他们在测试你值不值得信任，考验你的智慧与耐心。甚至，想要帮助人的你也需要"被帮助"或主动寻求帮助，才能让欲助人的你不会太快放弃，能够等到适合伸出援手、提供帮助的时机。

- **充分的信任及安全感，才能带来后续的前进**

　　不要评价及妄自批判，我们时常会在不知不觉中，对别人的想法及行为贴标签，下判断。充分尊重对方的故事、经验及感受，你要像是一个安静的树洞，他才能放心地倾倒及揭露常年以来不足为外人道的痛苦、折磨、难堪及压力。当彼此的关系具有充分的信任及安全感时，他才能听得进去你的想法；或者当你进一步建议他寻求专业协助时，他也相对能够接受，而不会让他认为自己被当成了异类，徒增无谓的抗拒。

辑一
笑,是为了掩饰疼痛

毫无预警就陨落的生命

越来越多，不容轻视的"微笑抑郁"

许多人心目中的喜剧泰斗，主演过无数经典电影如《死亡诗社》《心灵捕手》《勇敢者的游戏》，甚至得奖无数的罗宾·威廉姆斯（Robin Williams），你还记得吗？或是主演《楚门的世界》《冒牌天神》的金·凯瑞（Jim Carrey），他的眼神及招牌夸张表情让人印象深刻。还有童星出身，笑容甜美，常在爱情喜剧电影中现身的德鲁·巴里摩尔（Drew Barrymore）——他们，都曾受抑郁症所苦。

即使阳光，也有阴影

牛津大学曾做过一项研究，喜剧演员更容易罹患抑郁症。

虽然罗宾·威廉姆斯的遗孀在事后曾出面澄清，抑郁症并非最主要的原因，真正造成罗宾·威廉姆斯选择先割腕，然后上吊自杀的关键，是路易体痴呆症（退化性失智症的其中一种类型），因为他承受不了自己身体功能的逐渐退化，变得绝望。但确实有越来越多的人，都是笑着流泪。只是他们的眼泪，身边的人都看不见。

他们就像戴着一张微笑的面具，内心深处却是无边无际的痛苦。无人可懂的抑郁，长期搁浅。

把镜头拉到亚洲，韩国也不时传来明星突然自杀的消息。荧幕前，他们载歌载舞、魅力四射，前几天他的社交平台才发出了最新的照片，或者是粉丝团发文，讲述着他事业的成功，他们看上去总是带着满满的笑意，身边充满着无数粉丝的爱戴与掌声……然而不出几天，却传来天人永隔、令人抱憾、无限唏嘘又扼腕的消息。

在日本，创作了《恋人啊》《沉睡的森林》《冰的世界》的知名剧作家，屡屡抱回文学奖的野泽尚，也在多年前上吊自尽。

那么，在我们中国呢？我们永远都记得出演过《霸王别姬》的张国荣，他也是多年前选择从高楼一跃而下，结束了自己辉煌灿烂、许多人无法想象的一生。还有总是给人活力阳光的印象，后来勇敢面对镜头，流着泪告诉大家，自己曾罹患过抑郁症的知名外景主持人，代表作是《疯台湾》的谢怡芬，也曾经与抑郁症搏斗。

除了是名人之外,他们共同的特征是阳光、正向,甚至是幽默的。可是他们却也经历过、罹患了让人觉得与他们自身反差极大的抑郁症。甚至有些人选择以自杀作为结束生命的方式,让人心酸、不舍,却又格外讽刺,实在是令人掩面叹息。

不仅是影视演艺圈、文学界或者政坛,其实在我们的日常生活中,也有些人悄悄地陨落。只是我们都是在事后才发现,原来几年前在同学会上重逢的他,脸上的微笑不是发自内心,而是伪装勇敢及坚强的面具;几天前在电话里唠家常的她,电话里传来的笑声,也只是社会所期待的,是她称职演出的表里不一的反应。

关于微笑抑郁

英国剑桥大学(University of Cambridge)学者拉姆斯(Olivia Remes)指出,微笑抑郁症(Smiling Depression)指的是"有抑郁问题,但却成功将问题隐藏的人"。这样的人,表面看起来很快乐,内心其实非常抑郁。

·抑郁问题

从抑郁情绪到抑郁症,是一个连续向度的光谱,也会在两极之间持续不断地变动。

情绪会因着每一天的生活事件，或大或小的外在刺激，让人措手不及的紧急状况，长期累积的重重压力，来自社会、家庭环境或个人拥有的内在信念以及性格与行为反应模式而交错影响及变化着。因此，关于情绪的察觉不能轻视，而抑郁问题更是不容小觑。

· 成功将问题隐藏

这让我想到，微笑抑郁的族群往往能力也相当优异。

换言之，他们可能是某领域的佼佼者、领头羊，在他人的眼里是成功、杰出及优秀的代名词，简言之，就是"人生赢家"。同时，对旁人而言，他们可能都没有"客观的抑郁理由"。也就是，他们有工作、有车、有房、有伴侣、有父母、有儿有女……什么都有。

看到这里，你可能会想：他们既然已经应有尽有了，怎么会抑郁呢？

其实，人都是活在"自己的主观经验"里的，外在客观现实如何，旁人看来有多美好，跟当事者的内在主观世界，往往都有天壤之别。

名人自杀，只是冰山一角

生命如同一场战斗，谁能来帮助自己？

除了名人案例，更多的是看不见的大多数普通人。在我看来，能够勇敢面对，甚至愿意在镜头前分享自己走过抑郁症历程的名人，非常地勇敢，十分地了不起。他们分享了自己的生命故事，那些多数人终其一生都不敢公之于世，甚至连对亲近的人都不愿揭露的抑郁经历。

因为他们必须自我揭露，承认自己并不如大家所以为的那样正向积极，光鲜亮丽；承认自己所有彷徨、脆弱、软弱、黑暗甚至毁灭性的一面；承认自己有许多撑不下去的夜晚，都在无声地哭泣。他们让大家知道，抑郁并不可耻，也并不罕见。

除了前述的公众人物，我们日常生活中周遭的人呢？

身为创业第一代，随时枕戈待旦的"老板"；在公司里运筹帷幄的"高级主管"；看不见照顾病患亲属及责任尽头的"长照家长"；上有老、下有小的"三明治世代"；因为孩子有发展迟缓，需要时时带他们去医院复健的"主要照顾者"；看起来是核心家庭，其实是"伪单亲"的族群；甚至是老公外出经商，却早已另组家庭，自己只能独守空房的女性；或老婆有躁郁症，时常发怒，但是为了事业形象，还有面子，只好继续当貌合神离的"假面夫妻"；还有患上了目前只能控制，但无法根治的癫痫、强直性脊柱炎，以及各种免疫系统疾病，例如干癣、红斑狼疮的"慢性疾病患者"等。

这些人大都兢兢业业、恪尽职守，看起来正向开朗，也充满正能量。甚至很多人在大众心中，就是正能量女神的化身、激励男神的象征。然而私底下，在许多人看不见的那一面，却一直高度焦虑、长期抑郁、持续失眠。

在抑郁症与正常之间：我们都游走在灰色地带

没有得到重度抑郁症（Major Depression Disorder）的诊断，没有吃抗抑郁的药物，并不代表不曾抑郁、不会抑郁，或毫无抑郁的情绪。

所有的人，每天、每分、每秒都在抑郁症与正常的两端之间游走着。每个人都一样，差别只在于此时此刻的你，是靠近浅灰色那一端，还是深灰色那一端。

每当出现自杀新闻事件，所有人就会开始努力拼凑自杀者的抑郁样貌。如果找不到抑郁症的证明，也会去找出其他的蛛丝马迹。总之，就是找个理由及解释，说明他为何会选择自杀来结束生命。

要拼凑出抑郁症的样貌并不困难，但这样做却是为时已晚。

人都有一种倾向，就是"选择性"地收集证据。大家可能会去采访他身边的亲友，去找到足以证明他早已抑郁的痕迹。然而，那又如何呢？时光无法倒流，憾事无法挽回。

真正重要且关键的是，如何不在憾事发生后，才悔不当初、长吁短叹，徒留亲友的伤痛与遗憾永远刻在心中。还有，所有人如何能及早自我觉察、辨识及了解内心的信号，让自己处在安全的网络，而不会走到选择结束生命的这一步。

你也是开心果吗？

不被允许的脆弱和抑郁

你幽默风趣，妙语如珠，是团体里的万人迷，是最受瞩目的宠儿。有你的地方，永远都是欢声一片，待在你身边的人，总是感觉如沐春风。

所以大家都很期待见到你，都很渴望亲近你。你展现出来的形象，以及每个人对你的印象，都是春暖花开、阳光普照的样子。

这样子的你，仿佛就没有抑郁的权利，大家也就觉得你根本不会有抑郁的情绪。你的嘴角永远只能上扬，不能向下；只能微笑，不能流泪。

我们的身边，都有这样的开心果。让人欣赏、喜欢甚至羡慕，我们甚至希望自己也能够成为如他一般幽默的好朋友。但他们永远都是这么快乐吗？也许你从来没有想过，也不曾真正地了解过他们。

"没想到他也会抑郁"

电视电影里的喜剧演员，团体里的幽默大师，都有着不被允许的脆弱及抑郁。"没想到他也会抑郁啊！"对于以幽默而出名的他，因为外人都在期待着他开朗有趣的一面，他就只能永远笑脸盈盈。这个期待所带来的相关联想，还有许多，像是：

"没想到她身为教养专家，亲子关系却这么恶劣，亏她还在节目上大谈教养理论，可信度高吗？"

"没想到他身为最专业的医生，也会罹患癌症，还写健康及养生书籍，会不会误人一生啊？"

"没想到她身为精神科医师或心理师，也会情绪低落，甚至重度抑郁，还在心理科挂号，她的专业可不可靠呢？"

林林总总，族繁不及备载。换言之，就是牙医不能有蛀牙，语文老师连字都不能写错。那么，微笑抑郁的他们，怎敢把心事对人说呢？继续努力挤出微笑，都来不及了。因为笑代表游刃有余，笑代表专业可信，笑还代表一切没事。然而，这是一种与自我内在真实的隔阂，还有疏离。

世上无完人

微笑抑郁的人，还会因为自己没能完美地隐藏自己的难过，让旁人看见了他不再愉快、轻松及雀跃的笑脸，看见了他的脆弱及抑郁，遂产生强烈的挫败感、自我厌恶感，并对自己有了更多的负面评价及观感。

是的，别人可以期待你永远欢乐，期待你的专业与自己的人生必须一模一样。但是，难道非要随时随地、无限上纲地满足观众的需求，符合他们的想象不可吗？

很多以诙谐、幽默形象深植人心的人，心底多半有一种难以言喻的落寞、无法明说的脆弱。那就是，他们总被旁人认为"他们是不会难过的"。但月有阴晴圆缺，人有喜怒哀乐，怎么可能二十四小时都一直那么快乐呢？

不消说，许多人在知情的第一时间，往往流露出诧异、不解甚至是难以接受的表情与态度。但这对微笑抑郁的人来说，更是二次伤害。

开心果也是人，幽默的人只是自身修为高了一点罢了，怎么可能是无坚不摧，永远笑容满面的呢？世界上又怎么可能没有能影响他，让他痛苦、失望甚至绝望的人呢？

不被期待绑架，更不被期待污染

·不被绑架

你可以选择去完成他人的期待，但你也可以选择不去完成他人的期待，只做你自己认为好的，适合自己的，且符合你的需求、价值观的期待。

·不被污染

不被期待所污染，是指期待的范围由你来划定，随你的喜欢。

如果你选择去完成对方的期待，那么这个期待的分数和标准，由自己来定就好。为什么一定要达到完美呢？为什么非得要一百分不可呢？达到八十分的期待，你也同样可以很骄傲。

只接受合理期待，甚至，只考虑合理的期待

我们都渴望能无条件地被爱、无条件地被关怀。但实际上，我们都知道，这是一个理想目标，多数人都无法做到，即使是父母对待子女亦然。

旁人就是观众，你才是主角。

别人可以对你的性格、学业、事业、外貌、人际关系的表现抱有期待，但重要的是，期待要合理，不能被"过度增强"，不能被绑架及污染。

举例来说，"我是为你好"也是一种期待，我期待你好，我期待你优秀。但如果你的表现及反应，不如我的期待呢？这也是合理的。因为你是你，我是我。

我们都去过庙里拜佛，都曾跟众神明许过愿。连神明都不会实现所有人的心愿，更何况，你我只是凡人，没有点石成金的魔法，更没有通天的神力，对方的期待只是他的愿望，又何必努力为他实现呢？

如果你满足了他人的想象，顺应了他人的期待，就会"过度增强"他往后还有更多的期待。

甚至可以这样说：**即便是合理的期待，你也不一定非要**

照办！因为你才是自己生命的主宰，不是吗？

举例来说，有人就是喜欢自己的身材丰满圆润，就算体重超标了一些，那又如何呢？有些人就是喜欢多喝一杯酒，只要不妨碍他人，不对身体造成危害，那也是属于他的自由。所以，纵使再合理的期待，就算是为了你的身体能够更健康的期待，也不一定非要照办。

看见微笑背后的脆弱

在满足他人期待的背后，是我们的脆弱。这也是微笑抑郁的人，要去看见及承认的。

维护形象是每个人都会有的心理需求，你我都一样。但是，突破虚伪的假象，承认内心的脆弱，承认此时此刻的自己需要别人的帮忙，才是真正的勇敢。在你跨越微笑抑郁后，那将会是由内而外的成长，内外一致的坚强。

如果你身边有微笑抑郁的人，不管是你关心的朋友，还是最亲的亲人，帮助他的方式，关键之一就是不要勉强他。

不要勉强是指什么呢？不要直指他的脆弱，因为那会勾起他的尴尬及困窘，让他往后退得更多，逃避得更远。

静静地陪伴，就是一股厚实沉稳的力量；逐渐建立起他

对你的信任感，对于彼此关系产生更多的安全感，你不用勉强他，他自然而然就会说出来。

爱才是我们想要一起抵达的地方。

没有批评指责，没有评价论断，没有要求期待，只愿如你所愿，内心舒坦自在。

不再追逐完美，不再用完美逼迫自己、勉强自己，那是对于自己、他人还有这个世界开始有了安全感，还有信任。

完美是框架，更是局限，没有弹性的空间。

当我们真正地学会接纳自己，才真正懂得什么是爱自己，不是用坊间的定义。你的美好，无须符合世俗的标准、社会的定义，当你能够真正理解及体会，完美主义就没有存在的必要，因为你的存在，已经很美，也是最美。

一定要积极正向、温柔可人吗？

我们都习惯对他人伪装自己，最后连自己都蒙蔽

　　为了拿下一张订单，为了达成一笔交易，为了应聘上心目中的理想工作，为了获得心上人的青睐，为了得到许多人的好印象与喝彩……

　　为了获得这些好处，我们运用着各式各样的方式，来达到我们的目的。其中一种方式，就是伪装自己。

　　电影《金翅雀》里，有这样的一幕：男主角看着穿衣镜里的自己，说："我们习惯对他人伪装自己，到头来，我们连面对自己也在伪装。"

　　为什么呢？因为对他人伪装自己，可以得到约定俗成的好处；而对自己伪装，可以逃避自己所不敢触碰的生命课题。

衣冠楚楚，西装笔挺，眼神流露着自信及满意，看着镜子中的自己，是如此完美无瑕，大方得体。然而，埋藏在内心深处的故事呢？那些背负了一辈子的秘密呢？从小到大如影随形的生命课题，来自原生家庭里的记忆及烙印呢？

它们都隐藏在西装布料及光滑的丝绸底下，流淌在更深层的血液里；不反映在一言一行中，而是意在言外。

我们习惯对外人伪装，嘴里说着深得人心的话语，因为这么做可以达成自己所期待的目的，无论是现实中的交易，还是建立起他人对我们的印象，希望能被接纳、喜爱及肯定。可是到头来，我们连面对自己时，也还是在伪装。这段描述，也是"微笑抑郁"的注解及说明。

谈谈我们的"笑脸文化"

谚语当中，有一句话是"伸手不打笑脸人"。也就是说，当你越是表现出笑容可掬、正向、乐观、积极的状态，无论何时何地、何种处境都能微笑以对时，就越容易得到别人的喜欢与亲近，甚至还能化险为夷，让盛怒的人放下他的铁砂掌，避开一场冲突及争执。

不可否认，这是现实社会当中，获得成功、适应社会的一种途径，但这很可能只是一种假象。

意思是，如果外在情境与内在感受相符，那么你当然能发自内心地感到轻松、愉快并露出笑意，但**如果外在的情境引发了你的紧张、恐慌、焦虑，让人如坐针毡，这时你却还要勉强自己挤出微笑，那就是一场耗竭内在能量的徒刑。**

明明内心已经出现了警报及信号，却无法顺应自己真实的感受，处理真正的需要，还要把心力投注在外界的期待及要求之上。相当常见的族群之一，就是站在第一线的服务业人员。

他们总是被要求笑脸迎人，因为"顾客说的永远都是对的"。但顾客真的都是对的吗？

其实，我们也无须进入服务业，光是自己身为顾客的旁观者经验，就知道难以伺候的客人有很多，让人在旁看了都捏把冷汗。服务业的人们面对着客人的得寸进尺、无理取闹，还得笑着赔不是，努力把大事化小，小事化无，表面上是皆大欢喜，其实他们都是打落牙齿和血往心里吞，尊严都被踏在泥泞里。

这样的文化，却加深了微笑抑郁者的自我厌恶

微笑抑郁的族群，跟传统的抑郁症患者不同的是，他们还能维持正常的工作，甚至表现得非常好，也能维持家庭的

正常运转及活跃的社交生活。

　　他们不一定会食欲不振，也不会整日待在床上。然而私底下，他们对于自己有着强烈的自我厌恶（Self-loathing），他们不会让其他人知道，也不敢对身旁的人承认。而内心的煎熬，却时常在夜深人静时，啃蚀着他们。就算失眠、恐慌甚至有自杀的想法，他们也都会藏得很好。

　　这种厌恶，他们离不开，也避不掉。离不开工作的环境，因为转换工作容易招致外人无情的批评和没有同理心的议论；避不掉必须挤出的微笑，因为他们身为服务业人员，顾客至上就是唯一的信条。这些深深刻在心底的痛苦、挣扎及矛盾，是一种对自我的扭曲，自己与自己的对战，无处可逃。

卸不下的伪装，让我们越来越看不见自己

　　我们社会所认定的成功，不只是数字及头衔上的成功，还有态度方面的成功。所谓态度上的成功，就是正向的相关联想，就是积极、乐观、进取、精进。与之相违的，就是消极、懒散、不思进取等被归类为负向的态度及形容词。

　　但是，把"正向"当成唯一的价值，并不是一种健康的生活方式。当然，我并不是在鼓励人们去颓废、糜烂或者玩物丧志，而是要学会面对自己的负面情绪。一个人，不可能

永远都是积极、乐观、怡然自得的。人们会谈论老庄，但身体奉行的，却是孔孟之道。

但是我们内心却深信不疑，始终保持"正向"，是唯一的生存方式。

往往当我们独处时，终于能与自己面对面，好好看着自己的时候，也仍然在伪装，仍旧无法真诚地面对自己。

为什么面对自己会这么困难呢？因为与其面对、承认及处理深入骨髓里的恐惧，还不如选择隔离及逃避。因为恐惧里面，有我们不愿意面对的无能为力。

伪装最大的好处，就是可以逃避，不用碰触自己内心里那些不愿意被别人看见、不想要承认的。而这也是我们最习惯用于生存的方式。

无能为力的内在信念，导引出无能为力的外在现实

面对现实与痛苦，我们真的是无能为力吗？真的就不可救药吗？真的是无可奈何吗？

所有走过人生低潮，活出新生命的人，都会大声告诉你同样的话，那就是："你太小看了你自己。"

同样的挫折与困境，有些人因为内在不断地负向自我暗示（我办不到、这是绝对不可能的、我没有能力、我不如他好运……），所以不愿意改变，甚至只是对身边的人诉苦、聊聊或者求助，也都不太能够说出口。因为他们多半是这样想的：

"不要造成朋友的困扰。"

"说了又怎样？事情不会改变，木已成舟。"

"家人觉得我抗压性很差，还不独立怎么办？"

"说出来会不会招来耻笑？"

"朋友一定会觉得，这有什么好烦恼的！工作不喜欢，不做就好；伴侣劈腿，离开就好。"

难以辨识，何以使力？

所以，这也是微笑抑郁难以辨识的原因之一。

我们都知道人际关系有亲疏远近。用伪装面对别人，也用伪装面对自己，所以在不亲近的外人与真实的自己中间，就是所谓"亲近的人"，这些人包含了我们的好友，以及家人。即使是住在一起，天天都见面的室友，即使是常常透过社交软件，在线上互通有无、问候近况、八卦及聊天的老同学，或男女朋友，也无法在第一时间或者及早察觉，原来身边的人，早已戴着微笑抑郁的面具，深陷在抑郁的黑洞里面。

伪装，会是影响救援的最大阻碍。

微笑抑郁的社会层次

对于成功与幸福，单一的定义，局限的模式

从小到大，我们生活、成长及沉浸的整体社会文化氛围，长年因循的价值观就是在鼓励我们：要竞争，要胜出；只能进步，不能退步；不能自己说自己棒，要别人说你棒。所以，从幼儿园开始，进入小学到研究生毕业，都是在竞争第一名。好不容易毕业，终于卸下了学生的身份，开始找工作，爸爸妈妈又会开始在意：薪水有多少？福利又是如何呢？跟堂兄弟表姐妹比起来怎么样？名片拿出来，上面的职衔好不好听？甚至，你做的是不是师字辈（医师、律师、会计师）的工作？

接着，要准备结婚了，他们也不太会去关心你跟交往对象有没有相同的兴趣，是不是心灵契合，能不能够支持你，两人相处起来是否其乐融融，而是用门当户对的条件出来左右：他的家世背景，父母亲的职业，兄弟姐妹的学历，有没有房子，开什么车子……换作女生也是如此，男方家人会考虑她的娘家财力是否雄厚，外表是否漂亮出众，言行举止是否大方得体……

社会文化的影响

我们的社会文化，以及因循多年，传承了无数代的价值观，让我们对于成功与幸福，有着单一的定义，模式狭隘、局限且没有弹性。

不光要有优异的学业成绩、高薪且头衔响亮的工作、外貌出众且门当户对的伴侣，要开好车、戴名表、穿华服，还要住豪宅。我们不仅用这些标准束缚别人，捆绑自己，也是这套价值观的帮凶。因为对于身边亲近的人，例如孩子、伴侣，我们往往也是如此期待并要求着，不经检视地盲从，最终不知不觉地成了推波助澜的一分子。

社会文化对于物质及他人眼光的重视，对于成功及幸福的单一定义，会影响甚至决定我们后续的注意力、时间、心力，还有投入的方向。

觉察行为背后的动机

《照亮忧郁黑洞的一束光》中，提到了美国心理学家提姆·凯瑟（Tim Kasser）的发现：当一个人过度重视外在价值，例如金钱、地位以及名声时，更容易导致焦虑、沮丧及抑郁。后续许许多多的研究，不管是针对青少年还是成年人，不同的年龄层与社会条件背景，都得到了一致的结论。那就是：越重视及追求物质的人，越容易焦虑及抑郁。

因为强烈的物质追求，不仅会影响一个人的价值观、注意力焦点、随后的行为表现，更会影响人际关系。他们不容易感觉到快乐，也容易陷入沮丧、绝望的情绪。

书中也用了动机理论来进一步说明，每个人的外在行为，都是由动机所引发，一种来自外在，另一种则是来自内在。

·内在动机

所谓的内在动机，指的是当我做一件事情时，纯粹是出于在这个过程中我能感受到快乐及满足，并不是为了去兑换奖品，或是为了物质回报及金钱酬劳，并不用在乎其他人会怎么看待、评价我所做的这件事。

举例来说，当我在看电影及阅读的时候，我可以从中获得新知，得到前所未有、不同于以往的观点，我会很雀跃，甚至觉得自己很幸运。怎么说呢？可能里面有些具体的建议，能解答、应用在我最近生活中所遭遇的问题。又或者，作者的文笔幽默风趣，让我能瞬间放松紧绷的情绪，抑或是用字遣词疗愈人心，能安慰我孤寂的心灵。

· 外在动机

另外一种完全相反的，就是所谓的外在动机，指的是当你在做一件事情时，目的是希望能得到金钱、地位或者很多人艳羡的眼光、掌声及肯定。

用同一件事情来继续说明，也许能够更清楚。像是阅读及看电影，如果今天我更想要的是塑造一个"知识分子"或"上进"的形象，借此获得社会的掌声及外在肯定，那么我就必须让别人觉得"你读过的书好多哦！而且都是很艰涩、不容易理解的文学作品，甚至有大部头的书"。接着别人就会对我形成一个印象，那就是"你好聪明、你好优秀、你真是了不起"。这时，我的大量阅读就是来自外在动机，因为我所追求的是旁人的眼光、掌声、欣赏及肯定。

为什么事情越做越不快乐？

进一步解析，经由内在动机所驱策的人，其实他到底读了哪些书，读了多少书，是艰涩还是简单，是一本还是破百本，其实都不重要。因为在沉浸于阅读时光，细细咀嚼每个字句的过程中，他已能感受到愉悦及满足。

然而，如果今天他所重视及追逐的，是别人的赞赏及肯定，那么他就必须追求阅读数量越多越好、阅读速度越快越好、阅读内容越难越好。因为非得要如此，别人才会觉得他真是个冰雪聪明、横空出世的旷古奇才。

而在不断追逐的数量、速度及难度里，就造成了一层又一层的压力：如果没有读得更多，别人就觉得你退步了；没有读得更快，别人就觉得你停滞了；如果没有读得更难，别人就觉得你平凡了。

进入这个循环之后，原本阅读所能带来的美好消失了，再也无法让人感到快乐，甚至还会引发无止境的比较、竞争及追逐，陷入焦虑、沮丧及抑郁。而即使明确感觉到沮丧及抑郁，也不能大方谈论或让身边的人知晓，仍旧要面带微笑，佯装开朗。因为若是让别人知道我有情绪困扰，就是让别人知道我能力不好，就是"输"的代号。想到这里，内心就更是抑郁。

外在的追求带来焦虑

事实上，内在动机也好，外在动机也罢，它们都是同时存在的，只是比例不同。不会存在完全只由其中的一种动机来驱策行为的表现。

而心理学家也发现，一个人的幸福指数，不会随着外在目标的实现而提升。在此我想特别强调，**外在目标的实现固然可以暂时提升幸福感，但存续时间不长，顶多比昙花一现再长一些。而且那份幸福感不稳定，也不恒常。**

这就好比每当 iPhone 推出最新款，许多人都会去现场排队抢购或是上网预购，可是若扪心自问，最新款的 iPhone 到底能让我们的快乐持续多久呢？如果我们愿意诚实作答，其实不会太久。至少，当下一款推出，或者看到别人用的是更高规格的 iPhone 时，心中的快乐指数瞬间就打折扣了。

非常多的研究都一致指出，**越是受到外在动机的影响，追求物质及他人的肯定，人就会越来越容易焦虑、沮丧及抑郁。**这些研究，无论在欧洲还是亚洲，都有一致的发现。

当我们的社会文化及价值观不断强调物质、地位及名声时，我们就会把人际关系的品质放在更次要的位置。但我们其实都知道，或者感觉得到，如果人与人之间的关系欠佳，无法相互信任及支持，我们对于生活的满意度、人生的幸福指数往往不高。

此外，过度追求物质及他人肯定，就会持续处于竞争及比较的状态里。就算好不容易达到了先前设定的目标，但很快地，你又会开始东张西望，担心会不会被其他人追赶及超越过去。你将永远处在上紧发条及备战状态当中，不断地自我检讨及反省，然后要改进、改进再改进。长久下来，如何不焦虑？如何不抑郁？

相反地，若是由内部动机所驱策的快乐，我们通常不会有比较、竞争的心态出现，甚至会在过程中体验到所谓的"心流"。

网络时代，我们更需要学习"断舍离"

我们也要留意，那些不知不觉进入我们思维及脑袋的所有信息。

除了触手可及，随时填满我们视觉及听觉，会引导我们开始关注及讨论的广告，随意翻开报刊，或者跟亲朋好友、同事、主管交谈的所有字字句句，或是打开电视，无论是新闻还是综艺节目，里面所有的信息，都可能影响我们的价值观，持续地扩散及传递。

心理治疗工作中，有许多个案后来都告诉我："心理师，真的！当我越少去看手机，越少去反复检查或关注朋友有没有回复我的消息，更少去追踪朋友的朋友圈，看他最近又做了什么有趣的事，参加了哪些新鲜又好玩的活动，而我却没有跟上时，我时常胡思乱想地妄加论断及臆测，还有七上八下、起伏不定的情绪就变得平稳多了。我也越来越少受到影响，不太容易对家人莫名其妙发脾气，更不会觉得自己跟不上、能力差，一而再，再而三地陷入比较后的自责、自我感觉恶劣的沮丧及抑郁的情绪里头。"

我听了，不只心有戚戚焉，更是感慨万千。

原来只是这么一个小小的举动——减少看手机的频率，甚至是把手机里面的社交软件删除，就能有这么明显的效益。不只改善了焦虑、沮丧和抑郁情绪，以及自我价值感及人际关系，也走向了更好的途径。

……

国学大师林语堂先生曾经说过："生命的智慧，在于去其所不需。"我不禁想要回应："困境的活水，在于增其所必需。"

对于微笑抑郁，如何去其所不需，如何增其所必需，我们都需要一起学习。找出适合自己的方式，让自己发自内心地真诚微笑，不再戴着微笑抑郁的面具。

"适者生存",让我们活得腹背受敌

不仅是达尔文主义,还有骨子里的失败主义

"我怎么能接受我的孩子在特教班上课!"

即使确诊为智力不足,晓慧的妈妈还是千方百计地要求老师们再次评估,甚至要求老师对她仔细说明,撰写报告。这一切的举动,就是为了让晓慧回到原本的班级上课。对她而言,孩子在特教班上课就是奇耻大辱,那不是晓慧应该待的地方,那里的人都不正常!

晓慧的妈妈,想来也是所谓的人生赢家,在金融业工作,婚姻美满,家里就只有晓慧这么一个独生女。她对晓慧期望很高,虽然晓慧的理解能力不太好,反应总是慢半拍,但她下班后把所有时间都用来教晓慧识字,陪晓慧读书,尽力让晓慧跟上学校的进度,所有的心力都用在晓慧一个人身上。晓慧的妈妈虽然很辛苦,但是对她而言更痛苦的是,身边所有已婚同事、相交多年的闺中密友,没有一个人的孩子是在特教班上课的。相形之下,她觉得自己的脸面完全挂不住。

物竞天择,适者生存?

面对课业及成绩,不仅是一般的学生辛苦、优等生辛苦,就连特教生及其家长、老师们,也都很辛苦。

"物竞天择,适者生存"是达尔文主义的精髓,许多人信奉这个想法,仿佛它是永恒的真理。但**其实达尔文主义不仅过时,更是充满了毒素,因为它让所有人都活在恐慌、恐惧和焦虑里。**

前面所提到的晓慧,即是如此。即使晓慧确实需要特教资源的协助,但是妈妈却生怕丢脸,所以必须努力把晓慧转回"正轨",因为她认为那才是正常人的世界。

试想,当你的周围都是与你比较的对手、竞争的敌人,怎么有办法对人敞开心房地交流,更遑论信任。枕戈待旦,如何安眠?

从小到大,我们就被父母及师长要求以"优胜"为目标,整体社会氛围也是弥漫着竞争的气息。要竞争班上的名次、全年级的排名，高中及大学的入学考试，则要竞争前几位的志愿。在这个时候，曾经相亲相爱的同班同学，曾经手牵手上厕所、下课相约打球的好友，都是你的竞争对手。有他就没有你，有你就没有我。名额有限，谁甘愿落榜丢脸，谁想要回家流泪？

等到离开学校，步入了社会，开始求职时也是如此。因为企业要聘雇的员工名额有限；就算好不容易进入了，为了公司卖命多年，媳妇熬成婆，终于让你登上了高阶主管的宝座，却只是风光那一刻。因为高处不胜寒，而日后若想异动，要竞争的位子名额，只有一个。路，竟然越走越窄了……

时时刻刻，活得腹背受敌

表面上，大家可以一起吃饭、聚餐、喝酒及加班，仿佛能推心置腹，相互吐苦水，分享生活。但想必你有听过这样的说法：出社会后，交不到真心的朋友。这句话不正说明了我们都活在竞争的社会里？

朋友就是敌人，敌人就是朋友，永远跟在你左右。

因为大家都在比业绩，争输赢，暗暗想着：这次公司内部的升迁会是谁？外派会是哪个倒霉鬼？

不仅职场，就连婚姻、恋爱也在竞争的涵盖范围之内。

一大堆传授追男、猎女术的恋爱教战书籍及课程，都在传递一个观念：这世界上就是"零和游戏"。意思是，一方有所得，其他方就有所失。再白话一点就是，不是你赢、他输，就是他赢、你输：你喜欢的人被人追走了，跟其他人在一起了，那么，你就什么都没有了。可是这不是很奇怪吗？世上的人这么多，为何要执着这一个？

全球人口在 2019 年 5 月达到了 77 亿，人口这么多，你在国内认识不到心仪的人，难道不能去认识外国人吗？你在日常生活中认识不到，难道不能上网，或通过朋友去认识更多的新朋友，进而找到可以进一步发展的恋爱、结婚对象吗？

潜藏在所有人心中的信念，不仅有达尔文主义，还有失败主义

许多人基于潜在的失败主义，时常在唱衰自己，也唱衰别人。而失败主义，更是多数人难以自觉的强大行为驱策动机：不是想要赢，而是更怕输！

表面上看来，是竞争的达尔文主义，其实骨子里是失败主义作祟。害怕自己达不到目标，得不到想要的；害怕别人

有，自己却没有。

关于恋爱，我时常听到这些说法：

"不可能啦！跨国就是远距离恋爱，很难维持啊！"

"语言不是这么熟悉，两个人要怎么沟通？"

"没有办法时常待在一起，不能常常见面，感情一定很容易出问题！"

"如果他背着我劈腿，在外面跟其他人约会，我怎么会知道呢？"

这些思维的背后，除了失败主义，还有低自信，以及对他人的不信任。

如果上述的说法为真，那么每天生活在一起，几乎都是近距离相处的情侣及夫妻，应该一定感情融洽，每天快乐似神仙吧，但怎么又会有这么多人在感慨着婚姻失败呢？又哪里会有这么多人，背着另一半在外面暧昧呢？而且，绝大多数人都是跟同国籍的人恋爱及约会，并且结婚生子，难道他们的沟通就很顺畅，毫无困难及关卡吗？我相信这些问题轮不到我回答，大家都了然于心，尽在不言中了。

至于吵得不可开交，甚至拿菜刀相向、开煤气意图同归于尽的夫妻，时常都是普通话和方言交错地骂来骂去。说到这儿，关于"语言相同，就等同于能够顺畅沟通"这个论点，我想我不用"推"，就已经"翻"了吧！

跨越竞争心态，活得更自在

太过害怕自己失败的心理倾向，容易产生焦虑不安、忌妒与愤恨的心理，表面上看来是积极与努力，实则内心很扭曲。

微笑抑郁的人，也是过度害怕失败的一分子，所以他们更能够"成功"掩饰内心的痛苦及问题。不是因为困在心中的只是小事，而是他们更加不愿让人看穿他痛苦、无能为力的一面。对他们而言，被看穿则会是更大的打击。

达尔文主义必须被重新检视，甚至必须被扬弃。

它让所有人持续焦虑，甚至抑郁，当然会活得不开心，无法得到发自内心的喜悦与自在轻盈。尤其是在达尔文主义背后，那个深深影响着所有人，却又让人难以自觉的失败主义，更需要我们留意、检视及自省。

别忘了，人外有人、天外有天。如果把成功视作唯一的价值观，认为胜出才是成就感的来源，那将会很容易迷失，甚至忘却初心。因为，即使能力优异，也足够幸运，能成功一次，或者两次，但却得要一再地成功，才能不被旁人超越，或是被同侪比下去。

跨越竞争比较，进入互助合作的时代吧！

别让他人默默地微笑抑郁，也别让自己孤零零地微笑抑郁。

微笑抑郁，一张你我都可能戴上的面具

面对压力，"不正常"才是正常反应

《时代》杂志誉为"二十世纪五大圣人"的印度哲人克里希那穆提（Krishnamurti）曾说："能够在病态社会里适应良好、游刃有余的人，真的是健康的吗？"

这段话不仅是当头棒喝，更是暮鼓晨钟。他认为，每个人都应该要通过"自我认识"，从限制、恐惧、权威及教条当中解放出来。

是啊！在高度压力及快速运转的社会下，看起来游刃有余、如鱼得水，会不会只是个表象，其实山雨欲来风满楼，全是暴风雨前的宁静？会不会只是在结束生命前，蓄势待发的假面具？它骗过了每个人，甚至是专业人士。当然，更包含了微笑抑郁的自己。

"正常"未必正常，只是一种想象与假象

我们都很怕被当成不正常的人，所以我们继续拥护着正常。

世俗定义的不正常是什么呢？适婚年龄没有结婚，就是不正常。结了婚没生小孩，就是不正常。一份工作做得好好的，竟然要辞职，也是不正常。你什么都拥有了，竟然还抑郁，更是不正常。但——

所谓的正常，真的是正常吗？

所谓的没事，真的是没事吗？

所谓的还好，真的是还好吗？

其实，这些"正常"的内涵，都只是一种想象，更是假象。

不正常这三个字，就是最大的污名化。

在一个病态的社会里"看起来"好好的，并不代表就是健康的。在一个价值观扭曲及充满着庞大压力的社会里，"能够"适应良好的，或许只是拼上了"最后一口气"。

扪心自问，在我们的人生当中，有多少限制性的信念，有多少根深蒂固的恐惧，有多少默默顺从的权威，又有多少信奉至今的教条，深深地刻在我们心里？答案不在外界，就在自己的心里，只是我们从来不曾深入认识。

当然，我们也必须区分到底自己是真正地适应良好、游刃有余，还是善于伪装、勉强及压抑。其实是你看不见也看不懂，身边亲近的他，甚至是你自己，早已笑到快没有力气。

割破了手会流血，被踩到脚会直呼疼痛，被人中伤会感到气愤，被人背叛会觉得委屈受伤……这些都是再自然、再正常不过的反应。可是，这些正常的反应，却可能被贴上这样的标签：

"你就是抗压性低。"

"身为公众人物，接受网友批评是应该的。"

"都这么大了，还这么不懂事？"

"爸爸妈妈养你这么大，没有功劳也有苦劳，他们也是为你好，你说走就走，怎么可以如此不孝？"

"身为老板，员工办事不力、出了纰漏就是你的责任，就是你识人不清。"

……

不正常才是正常的反应

身为儿女，身为学生，身为员工，身为老板……都会面临他人的评价和检视，如果你还不小心有了那么一点点"名气"，那么所有人都可以放大你的一言一行。在这个人人被高度检视的社会里，如何能够不抑郁？

活在这个时代，存在于这个社会，我们所有人都辛苦了。

放眼望去，每个人一定都经历过恐慌、焦虑、抑郁、失眠等各式各样的痛苦，或者暴饮暴食、酗酒、疯狂购物等成瘾行为。

生活是多么的不容易，我们时常会感觉压抑，益发忧虑。而且多数时候的我们，都选择了逃避。把心里头的不愉快、痛苦跟难过藏在内心深处，表面上都是面带微笑，嘴里说着"我没事"，到头来继续过日子。

因为从小到大，我们最常听到的一句话就是"不要想太多"。这也是许多人在成长过程中，最常听到父母对自己说的。仿佛是你小题大做，仿佛是你自找罪受，仿佛这一切都是你没有用。

其实给你建议的人，往往一无所知

当你进入职场一段时间，想要转换跑道；当你的婚姻严重触礁，不知该如何是好；当你的家人持续对你进行情绪勒索，甚至到处惹麻烦，却要你收拾……身边的人，除了叫你"不要想太多"，有时还会随口给出建议。他们说起来总是非常容易，但你听起来则会更加抑郁，因为你感觉到的，更多的是无能为力。

甚至不只身边的人，很多时候，连你也会这样安慰自己。

然而，这同时也是在阻止自己，不要再深入探索下去。

为什么呢？因为要承认自己有抑郁的情绪，要去寻求所谓的专业协助，不管是去精神科、身心科还是心理治疗所进行心理状态的评估、服药及治疗，仍然是一件"很丢脸"的事。

记得很多年前，我在一家学校服务，进行特殊教育团队的心理治疗。有一节课上，孩子已经到了，特教班老师也到了，就是没见到家长。后来学校老师告诉我，孩子家长不会出席，因为爸爸是某医学中心的主任，他无法接受自己的孩子有自闭症，孩子不仅是由外佣送来学校上课的，连 IEP^① 都是由外佣来开，父母亲从来不会出现。换言之，即使是从事医疗专业的人，都生怕旁人知道自己或家人罹患疾病，尤其还是精神科的疾病。一旦承认，除了会被贴上有问题的标签，更会被认为"不专业"。

行文至此，许多人会开始义愤填膺，这也是年轻时的我会有的反应。但是现在的我，越来越能理解家长晦涩的心情。因为身为家长的他们，身为专业人士的他们，一定最常听到这样的问句：

"你怎么会处理不来呢？"

"你怎么会教不好呢？"

"你不是这方面的权威吗？"

"如果连你都治疗不好，那我的孩子交给你，到底行不行？"

在这样的情况下，怎么承认，甚至大方坦承？

---

① IEP：个别化教育计划，指针对"每一位"身心障碍且具有特殊教育或相关服务需求之学生所拟定的教育计划，不论这位学生是安置在普通班、特教班、资源班或特殊学校。目的是确保每一位身心障碍的学生都能够接受教育。

如同抑郁情绪一样，我们只能拖着拖着，让它成为心底的秘密。也许一开始症状及事态还算轻微，但往往时间不知不觉就过去了，也错过了治疗的黄金期。于是，那些持续让你困扰及痛苦的问题，既没得到改善，也没有消失。甚至如同滚雪球般，变得越来越大，事态愈演愈烈，让你益发陷入抑郁的情绪。

抑郁是提醒，也是休息的契机

请大家想象一个画面：眼前有一杯受到污染、有毒的水，一片过期的吐司，还有一盘腐坏而细菌丛生的烤肉片。这时，有个人来到了桌前，把这杯水、这片吐司，还有这盘肉吃了下去。

接下来他应该会出现什么反应呢？

1. 完全没事。不仅当下吃得津津有味，过了一小时，甚至三天后，都毫无腹泻、呕吐或者任何不舒服的反应。

2. 开始上吐下泻，脸色发青，甚至需要送急诊。

前者就是适应良好，但却微笑抑郁。

后者虽然出现反应，正是生命提醒。

我们都同意，会产生过敏甚至不舒服反应的人，他的体质才是健康的，才是正常的。因为他还有感有觉，他还能针对细菌病原、有威胁的刺激、让自己不舒服的痛苦及压力产生反应。

微笑抑郁，就如同暮鼓晨钟。它是来自生命的呼唤及提醒。

它从来不是要提醒你，唯一的选择是结束生命，而是提醒你，这是个该转弯、该休息的契机。

辑二 那些毫无预警就陨落的生命

明星、网红的微笑抑郁

放下凌迟自己的刀,你无须坚强与完美

身为公众人物,不仅一言一行会被高标准要求、高规格检视,私生活也会被旁人过问,甚至连过往的一切都要被拿来做调查,被人起底,一条一条地列出来,甚至做成图表进行回顾、比较及检视。

他们往往会被要求,必须符合社会的期待。因为绝大多数的人都有一个奇特到接近病态的价值观,那就是,公众人物的成功是大家捧出来的,公众人物的光环是许多人给予的;那些偶像、明星及政治人物,都是因为我们的支持,才有了今天的光芒、地位及享有的资源。

我们花钱参加演唱会,购买所有的周边商品,我们参与竞选活动,风雨无阻地到现场声援,所以我们就如同他的再生父母一般。他不能够谈恋爱，他不能有违我们的想象，他不可以不满足我们的期待，他不能拥有隐私及个人生活。一切都必须透明，凡事都得要公开并交代……

明星、网红的微笑抑郁

这是最好的时代，也是最坏的时代。

现在要成名越来越容易了，因为现在是一个自媒体时代。我们可以看见星座专家、创业老板、电商专家、旅游达人、美食或时尚达人在网络上活跃，甚至还有所谓的知识型网红，用有趣的方式重新包装及说明、分享各领域知识的视频博主，他们让知识变得更好懂，进而让大家应用在自己的生活之中。这些都是很棒的事，也是网络时代的优势。

然而，这是好事，也是坏事。

好事是，想要被人看见、曝光及宣传自己，不用像以前一样需要到电视台去，或者通过报纸等媒体（而且你也不一定有机会）。坏事是，喜欢你、欣赏你的人会变得很多，但反之，看轻你、讨厌你的人也不会少。

名人们承受着无边无际的压力，也就是承受着所有人的投射。所有支持者的渴望与期待，他们必须去满足，而不能活得像正常人一样。

公众人物 = 公众财产？

每当新闻又传出名人自杀的消息，往往引起大众哗然。无论这位知名人士是来自影视圈、文艺界，还是政坛、金融业、商界等，都让我心痛不已，同时感慨万千。名人的生命，仿佛成了公共财产。

从心理学的角度来看，公众人物就是所有人投射的样板，他们承受着所有人的投射。

什么投射呢？所有粉丝及支持者的渴望、内心的寂寥空虚、无法达成的个人欲求，全数投射到他们身上。所以如果他谈恋爱了，支持者就会觉得愤怒、失望，感觉遭受背叛，因为他竟然是专属于另一个人的了。接着就不再愿意支持他，甚至开始产生疯狂的情绪，想要把他拉下来，不能让他被所爱的人独占。

这是多么病态的思维、多么扭曲的价值观。

公众人物也是人，如你如我一般，是有灵魂、有肉体的正常人，他们拥有自己的意志及人生，可以决定要瘦还是胖，可以决定穿得怎么样，可以决定何时谈恋爱，要跟谁结婚生小孩，这有什么奇怪的？

他有自己的想法，他可以自己做决定，因为这是他的人生，没人可以帮他做主，也没人可以取代。既然我们喜欢他，欣赏他，支持他，那么我们应该是祝福他的决定，相信他的选择会带给他幸福快乐，朝向他所渴望的未来。

把公众人物当成自己的财产，渴望能够支配及控制，何尝不是反映出我们内心对于自己日常生活中的一种空虚，还有无力感，所以需要透过遥远的他者，经由想象的方式来满足及填满？

我们都忘了，命只有一条

我们都只看见表面上的好，觉得公众人物都没有负担和烦恼。但如果你对心理学有些了解就知道，一次负面的经验，**需要三倍正向经验来抵消**。如果这个负面经验是来自亲近的人，则需要五倍，近来还有更新的研究指出，是六倍。

几倍并不重要，重要的是，你能想象吗？公众人物到底承受了多大的压力。有那么多人关注他的一切，有来自正向的肯定及欣赏，当然也有来自负向的批评、指责及谩骂。套用前面所提到的倍数理论，他们需要几千、几万倍的正向经验才能够平衡、修复这些负向经验的侵蚀。

也因此，**许多知名人士，都是微笑抑郁的高风险族群**。甚至早有很多人，都是需要靠着抗抑郁的药物，才能够继续过生活，继续日常工作；或者长年依赖安眠药，才能够入睡。这些真相，我们都看不见也不知道，甚至还以为他都好好的。

我们只看到他表面尽是风光，让人艳羡的那一面，从没想过正向积极如他，却每天夜里都是以泪洗面，走下舞台和聚光灯，尽是抑郁和疲惫。微笑抑郁着，继续度过一天又一天。

"高情商"如同紧箍

外界无的放矢的攻击与批评，子虚乌有的指控，追问个人私事……这些都是对于一个人心理健康的侵犯。

我们时常标榜高情商的好，永远都要优雅微笑，被人骂了还要说声"谢谢指教"，但这样的价值观，根本需要打个问号！

高情商到了后来，如同一种束缚，更是诅咒。

任何人遇到压迫及逼供，心中绝对是不好受的，绝对不会因为习惯就失去了感觉，或不再痛苦。没有人喜欢被负向评价，没有人喜欢被批评和指责，被取笑，被贴上莫须有的标签，甚至被编织桃色绯闻及家庭纠纷的谣言。没有人喜欢当砧板上的肉，被掂斤论两、挑三拣四，最后却还要面带微笑，说着感谢的话。

我们要做的是，检视自己是不是造成名人抑郁，推波助澜的一分子，还是能做到真正的同理，明白原来公众人物过得多么不容易，他们也需要正常人的生活，需要被倾听及支持。

身为公众人物的你，

需要对自己宽厚与慈悲。

放下那把凌迟自己的刀，

做回一个正常人，

你无须坚强，更不用完美。

而看着公众人物的你，

需要更多的将心比心及深刻同理。

当他们不再微笑抑郁，

就会给我们带来更多的好作品。

假面夫妻的微笑抑郁

社群上的神仙眷侣,却是貌合神离……

"果然,别人的老公从不让人失望!"网络上流行的这段话,引发着无数人妻的共鸣和回应。她看在眼里,不禁露出了微笑,但却是皮笑肉不笑,如果你看得懂,那其实是一抹苦笑。

"你们感情真好,你老公对你真体贴,真是羡慕死人了!""看你不时出国旅行,生活好惬意。老公这么疼你,真是你好几辈子修来的福气!"面对旁人的这些话语,她总是面带微笑,回应谢谢,表示感恩。

然而,真相只有她自己知道:双人枕头早已是孤枕难眠。那些外人的称赞,其他太太们的艳羡,都跟实际状况相差着十万八千里。

别人眼里的神仙眷侣,早已貌合神离

不知道从什么时候开始,她上网的时间越来越多了,到了现在,时时刻刻都在上网,去到哪里,吃了什么,必定要打卡。

到了哪个国家、城市旅行,刚入手了什么新行头,必定要拍照、上传到各大社交软件。当然,上传之前还不忘修一修图;拍照时,也要调整无数次的角度。一旁的摆设,整体色调搭不搭?底部要垫上毛毯,还是放个厚厚的精装原文书?一切务必要优雅兼具,深藏学问。

多数时间,外人看到的他们,净是恩爱与风光,心里想着:"为何她老公不是我老公?""为何她家不是我家?"但照片里,多半是她的单人照、美食照,或是各地的山水风景,鲜少看到传说中,那位疼她的好老公的身影。

一天只有二十四小时,一小时六十分钟,一分钟六十秒,能像她这样,一直把时间用在上网、发照片的人,究竟又有多少时间,能用来跟伴侣相处呢?

就算不在身边,也应该会发条信息,或是视频一下吧?但这些也是需要时间的,难道能左右手同时开弓,左手敲电脑键盘、右手按手机屏幕,同一时间里,一边发微博发朋友圈,一边和老公发消息吗？何况她发微博、朋友圈的频率,几乎是从早到晚不间断的。

但真相是,她的先生在外面有了另外一个家,孩子都生两个了。

她该怎么办？她能怎么说呢？

在网络上发出公告与声明？

会不会太莫名其妙了。明明只是她的家事,却成了公事。

更何况,说出真相,她会更加痛苦。

当年的才子佳人,约好的执子之手,与子偕老,已成变调的歌曲。但她不能够让所有羡慕她、眼红她、关心她、祝福她的人,知道她的枕边早已空无一人,而且老公还躺在另一个女人的身边。

她宁愿维持假象,也不能让人家知道,他们所看到的一切,都是一个"假"字。

她只能强撑着心中的酸涩与苦楚,对外挤出勉强的笑容。

微笑着,却也抑郁着。

被人羡慕的神坛，是一条上得去，下不来的不归路

秘密都是无形的、看不到的。而所有秘密，都是不断累积的负担、益发牢固的枷锁，因为：

·怕秘密被泄露出来，本身就是一种恐惧

恐惧本身，就是对于内在心灵能量与真实力量的侵蚀。恐惧会束缚着你，捆绑着你，让你不敢去尝试，不能去突破。无时无刻不提心吊胆着，生怕被人揭穿"败絮其内，金玉其外"的真相。

恐惧底层，还有恐惧。

第二层恐惧是什么呢？是害怕自己被遗弃，害怕自己不再被爱，害怕自己不值得被爱；害怕如果离开，将遇不到下一个爱人；害怕没人能帮助自己，害怕没人会相信自己……

所有的恐惧，如同一条条锁链，把一个人牢牢地困在原地，动弹不得，不能也不敢挣脱。

·为了隐藏秘密，需要付出更多额外的心力

其实她不虚伪，她也不坏。一开始的幸福美满，没有造

假,都是真的。好几次,她也想要说出口;好几次,也开始想挣脱。但却一再错过时机,要坦诚也就更难了。秘密越守越牢,越加稳固。

为了不被识破,为了不被拆穿,怀有秘密的人必须更留意与谨慎,才不会自打嘴巴,自相矛盾。因为在网络时代,人人都可以是"网络侦探",从你言行举止中的蛛丝马迹,发现你的秘密。

就如同许多微笑抑郁的人,他们能够成功隐藏内心的抑郁,掩饰内心的痛苦,也是因为在最早的时候,问题还不严重,他们还顶得住。而且随着情况益发时好时坏,他们对自己身心状况的变化,也不怎么明白,不知不觉中,就越拖越久了。

给旁人的提醒:不要推波助澜

我们时常会追踪自己欣赏、心仪、羡慕及崇拜的人,在他的朋友圈或微博下留言和点赞,但很多时候,这么做却更会把微笑抑郁的人,推向秘密埋藏得更深的那一端。那些被堆砌出来的成功、被塑造出来的幸福形象,将被巩固得更好,微笑抑郁的面具也会戴得更牢。越到后面,越是摘不掉。

有意识地离开引发抑郁的压力刺激，是必要之善，更是当务之急

许多人可以一天不出门，甚至不吃饭、不睡觉，但是无法一天不打开手机。睡醒第一件事，就是打开手机、登录账号，看看有没有最新留言，或是有没有未读的信息。我们生怕与世界、与他人失去了联系，但却忘了这样的联系，正是无形中促发及加深抑郁的主要原因之一。

我们时常毫无意识地让自己浸泡在周围都是压力刺激的氛围及环境里，处处都是激发焦虑、诱发抑郁的媒介及因素。

社交软件上的互相恭维、贺喜、+1，何尝不是形塑着微笑抑郁的因子之一？然而讽刺的是，我们却天天看着手机，时时挂在网上。这是现代社会最奇特的现象，也是打造抑郁囚牢的高明设计。

删除社交软件APP，你可以离线一阵子，回到现实世界里，回归到自己的人生，开始修复生命中的难言之隐。

……

去探索及认识所有的百感交集吧，看看里面有没有能帮助你不再抑郁的好事、能够开展新生活的重心。

打开潘多拉的盒子从不容易,许多人都是怀抱着秘密过一辈子。盒子里,有他一生的遗憾,也有他根深蒂固的恐惧。我们花了太多的时间和心力去应付外界、面对别人,却忘了面对最重要的自己。

所有的黑暗都是过渡期,就像太阳会落下,月亮会升起,周而复始。

只要持续穿越,徐徐前行,你终见黎明。

伪单亲的微笑抑郁

"负责"不是把自己逼到尽头

"你还是不要回来好了！"

有一年中秋节，妈妈一通电话，叫她别回家，因为亲戚聚在一块，肯定会问起，怎么女婿没一起回来？

"如果邻居问起来，你就说他出差，不然就说他老家有事，这次没法回来。"明明都已经进入处理离婚的过程，还要说着一个又一个的谎。

他们要她说一堆言不由衷的话，编织一堆谎，说白了就是不要让邻居亲友知道，她就要结束婚姻了，将恢复单身了。而她最难过，也最难以承受的是，原来在父母的心中，第一重要的，竟然不是她的委屈和她的感受，而是面子！仿佛离婚的女儿很丢脸，让家族蒙了羞。

"这是个伪善的社会。"她叹了一句,继续说,"离婚等于失败,这就是我们社会的价值观,不是吗?准备离婚前,我们分居了快七年。他现在是不是还在之前那个单位工作,有没有交往的女朋友,我都不知道,也不想过问。"

"为什么?你问我为什么?"她的表情好像有些不解,同时,也出现了些微恼怒,又接连丢出几个问句。

"问了又如何呢?问了,他会回答吗?"

"说了,他就会改变吗?就会行动吗?"

"说了,他就会放下手边的游戏吗?"

"说了,他就会一起分担家务,就会记得他是个爸爸,开始教养小孩吗?"

语毕,她深深地叹了一口气,接着说:"不会的,因为我早就都说过。"

婚姻中,变本加厉的关系疏离

回忆起前几年的婚姻生活,她说自己很早就认真地想要跟丈夫沟通。不管是那些知名两性关系专家、老师开的婚姻讲座,还是关系课程,她都报名过,参加过。当然也会自己买书回家，在睡觉前或隔天早一点起床，挤出时间自己读、自己学。

"但有什么用呢？婚姻又不是我一个人的。光是我一个人想改善，光是我一个人想要经营，有用吗？"她说。

"他一回到家，就是关起门来打游戏。小孩的课业不管，家务也不做，什么事都是我在张罗。甚至连公公婆婆打电话来，也都是我接听，老人家交代的事，也是我来办。他明明身为儿子，却仿佛没事人一般。不只如此，连女儿前阵子在学校被同学欺负，也是我跟公司请假，急急忙忙地赶去学校处理。但他明明就在家！还好同事体谅，愿意帮忙，主管也能够通融。明明先接到老师电话的是他，他却告诉老师，'我再转告妈妈'，仿佛孩子不是他生的一样。

"一个家庭里，可以两个人都不成熟吗？可以两个人都不负责吗？他对家庭没责任感，不想面对，只想逃避。我不扛，行吗？我不扛，谁来扛呢？

"而且，爸爸、妈妈年纪都大了，还要他们操烦，还要让他们担心吗？我不能这么自私。当初这个男人是我选的，是我愿意和他交往的，又不是别人逼我嫁给他的。我要负责啊！"

她的生气看起来是针对别人，其实针对的是她内心的自责，还有对自己的愤怒。那种在婚姻生活中多么努力、多么用功，但是却屡战屡败后，反复折磨的揪心和苦痛。

恼怒，来自多次挫败后的痛苦、无力还有无助。

离婚，有那么容易吗？

她也曾怀疑，若要因为这种原因离婚，似乎又太小题大做，毕竟他不嫖不赌，也有工作。只是完全不和她沟通，没有任何情感的交流，两人住在一起，就像是室友关系。起初，她也曾对一两位好姐妹诉苦，她们却告诉她，婚姻不就是这样，哪还有什么心有灵犀、体贴关心？那是婚前才可能会有的好事。

离婚，没有那么容易。虽然离婚率越来越高，离婚的人越来越多，但这并不代表社会对于离婚的人，能够平等看待，尊重每个人的选择，能够不贴标签，不唱衰诅咒。甚至，有多少离婚后的妇女，连娘家都容不下她！

还有，离婚会让亲朋好友、左邻右舍产生多少莫须有的联想？离婚的人又会被他们贴上多少标签？

"应该是你没有恪守妇道，没有生出儿子。"

"不然就是你厨艺不精，才没有抓住男人的胃，进而抓住男人的心。"

"再不然，就是你工作表现太好、性格太强势，让男人没尊严，没自信"……

总有人觉得，一个巴掌拍不响，夫妻关系出问题，两个人都有责任，也就是两个人都有问题，都有错。包公还没办案，你就已经被打了一百大板。

用力挤出的微笑抑郁

微笑抑郁的人会经历的一个困难是，他们不仅害怕，也相信亲友们无法设身处地了解自己的感受，而那些带来痛苦的事件及压力源，亲友也帮不上忙。于是，痛苦的情绪重担、婚姻生活的压力与教养孩子的责任，都只有自己一个人默默地扛。

所以上面故事中的女人，开始害怕，如果自己表露出抑郁及悲伤的情绪，会给别人造成负担；怕别人对自己失望，也怕自己对自己失望："原来我这么没用啊！连一个家都照顾不好。"

她甚至还会警惕自己、勉强自己、逼迫自己："如果我有了放弃的念头，就是一个不负责任的人。"

太阳每天依然会从东方升起，地球也在持续运转着，每一天没有什么不同。她的工作照常,生活依旧,脸上还是可以带着微笑,继续过着每一个日子。只是有关婚姻、丈夫的片段,再也不是与同事闲话家常时,会出现的话题及内容了。

慢慢地,伪装久了,眼泪就再也掉不下来了。

卸下伪装,你并不孤独

伪装久了,眼泪就真的掉不下来了吗?其实不是。或许在偶然的一个瞬间,你的内心就会突然被触动。微笑面具会顿时松脱、掉落,你的眼泪也会哗啦啦地流下,如同午后雷阵雨般,气势磅礴。

那个无预期的瞬间,可能发生了什么事呢?

是终于遇到了一个能够真正懂你、能够同理到你内心深处的人;或者只是听到了一段旋律、一段歌词、一段文字,内心就能够被触动。

原来同类从来都不是少数,原来在这个世界里,我从来不孤独。

再也不用演了,终于可以哭了,而且是好好地,大声痛哭。

……

眼泪就是能量,需要流动,更需要抒发。能够哭,都是好的。

多哭几场吧!号啕大哭吧!

用泪水把心底的泥泞,好好地冲刷。然后抬起头,你就会看见太阳缓缓地升起,暖暖地发亮。

优等生的微笑抑郁

孩子值得数字以外的美好和精彩

这是一个让人身心俱疲的时代。

这是一个让人高度疯狂的社会。

世界卫生组织（WHO）调查发现，全世界有 3.5 亿的人受到抑郁症所苦，到了 2020 年，它将成为身心失能的主要成因。

不仅如此，根据中国台湾卫生事务主管部门统计，中国台湾在 2017 年，有将近 264 万人曾因为精神疾病造成的痛苦，而寻求医疗协助。台大精神科发表的"少儿精神疾病流行病学调查结果"则发现，高达 28.7% 的孩子，患有至少一种精神疾病；3%的孩子产生自杀意念，0.3%则有过自杀行为。

这些研究结果及数据，令人毛骨悚然。抑郁问题不容忽视，它必须从社会结构的角度来进行更加完整的了解，而非只着眼于个人层次因素。

让人越发抑郁的W型社会

过去，对于心理疾病的成因，人们都认为是生理病变，或者是个人性格上的问题，例如自卑、懦弱、无能、低自尊、完美主义等。往往忽略了，社会是一个非常重大的影响因素。

现在的社会形态，不仅仅是M型，认真说来，根本就是W型社会。

平民百姓、中产阶级深陷谷底，再怎么努力爬，都上不去。社会贫富严重不均，每个人都羡慕并向往着豪宅、名车及奢华旅行。但是那些有钱人似乎只要靠着祖产，通过投资翻倍再翻倍，不用辛勤卖命地工作，不用一步一个脚印，付出自己的时间、体力及脑力，就能快速并且持续地累积财富。

而换作一般人，脚踏实地、勤勤恳恳地工作，用时间换金钱，用体力换住院，却是越工作越累，而且还越工作越穷。

为什么呢？因为没有充裕的心力和更多的时间，能够自我增值与投资。例如学习其他能够转换人生方向、跨专业的技能；例如投入运动、持续健身，维持良好的体力及耐力。更遑论最基本的休息及睡眠时间，那是精神良好的来源。于是，一般人的工作及人生，就是过得越来越灰头土脸。

持续运转下，身心的重担也就越来越大了。

为了生存，反坠入恶性循环

一个人越穷，就越需要花时间去赚钱。而当他花更多的时间去赚钱，也就让身体更疲惫，更没有时间去做其他的学习规划。连睡觉吃饭都是随便凑合的，累到沾了床就睡，急急忙忙间只能随意果腹，从早餐到晚餐都吃着超市便利店的食物。

在如此高压，时间紧凑，而且凡事讲求效率的社会环境下，连自己下厨烹饪的时间都没有了，哪里还能有时间，好好地坐下来，跟家人相处呢？很多情况都是，家长回到家时，孩子已经入睡了。即便难得有相处的时间，要能平心静气地交谈、分享近况及心事，更是难上加难。

因为高度竞争的社会氛围、高速运转的工作形态，已经把我们的心理资源，把我们原有的耐性及好脾气都耗竭殆尽。

剩下的，只有满腔的怒火和不耐烦，人们总是遇到一点小事就发飙，看什么都不顺眼。

"这次数学测试，怎么只考了八十九分？"

"这么简单的题目，为什么都学不会？"

"都几点了，你怎么作业还没写？"

于是，亲子关系时常产生冲突。一个只会问成绩，一个开口要补习费。亲子之间没有情感的交流，都是数字的交会。持续地日渐疏离，隔阂加深。对于孩子在学校的近况，还有内在的情绪感受，家长们不是一知半解，而是毫不了解。

精英主义下，优等生的微笑抑郁

在这样的社会里，不只大人很辛苦，孩子也很辛苦。成绩导向的升学主义下，父母总在担心子女跟不上进度，期望孩子最好能超越进度。教育改革了这么多年，总是匍匐前进，万分辛苦，就是因为人们内心深处及骨髓里所认为的精英主义并不曾消退。挖掘天赋、尊重个人兴趣发展的思维，只是嘴上说得好听罢了。

在我成长时期的联考年代，到现在都过了二十年，不断修改教材内容及考试制度，学生的压力并没有减轻，反倒还愈演愈烈。

前阵子，我在学校进行心理治疗工作时，有位学生成绩优异，但却人际关系疏离。我永远记得，他是这样对我说的："为什么要交好朋友呢？我们不是竞争的对手吗？"

这句话令我意外，也让我感到心疼及悲哀，不禁想着，究竟是他太世故，还是我太天真了？

为孩子守护数字以外的美好

成绩至上的精英主义、升学导向的价值观，让所有学生都一样辛苦，也让所有人感受到更深沉的孤独。因为彼此之间都是竞争关系，没有互相支持、协助、合作及团结。同侪之间，彼此是彼此的敌人，当然让人更加抑郁和焦虑。

拉姆斯指出，微笑抑郁症的人，明明心情很低落，但却成功地把抑郁问题隐藏起来，这类人很有可能会选择自杀。而他们也经常预期自己会招致失败，对于可能会经历到尴尬、羞辱的状况，格外地敏感。

因此，优等生更难面对、真正接纳"可能"考不好的自己，因为那是羞辱的证明。虽然他们平时成绩都很杰出，也表现优异，客观来看，没有心情不好的理由，但他们所担心、焦虑以及抑郁的，是持续困在心里，有可能发生，但是根本没有发生的未来。

除了重度抑郁症的族群，其实世界上，甚至在你我周遭，有很多人都是看似面带微笑，却让人完全侦测不到背后的自杀危险信号。这样的微笑抑郁族群，需要有人帮助，也需要更早被看到。

……

我很喜欢世界经典文学名著《小王子》里面的一段话："大人总爱数字，告诉他数字以外的事情，他们不了解，也不在乎。"

我想，这是所有学生心里都会有的声音，那里面有着渴望被大人了解的期待。希望我们能在乎并看见更多数字以外的美好和精彩。

新女性的微笑抑郁

拿掉"完美"的面具,你将更自由

她看起来很好。时髦靓丽、生活自主、经济独立,完全符合这个新时代的女性典型,看起来过得自由惬意。以前人们都是只羡鸳鸯不羡仙,现在却更羡慕能一个人过得自由自在,快乐似神仙。

她无须依靠男人来获得经济上的安全感;她也没有结婚,没有组建家庭,没有去满足社会对于适婚年龄女子的期许;再不结婚就是大龄女子,结了婚却不生儿育女就是不完整的女人……这些框架及束缚在她的身上都不存在,因为她并没有选择服膺传统的教条及权威,她选择了要做她自己。

确实,从整体而言,客观来看,她过得很不错。没有所谓的家庭负担,没有罹患重大疾病,多数时间都可以做自己想做的事。工作就是她的生活重心，工作以外的时间，她可以去学习国标舞，可以去拉大提琴，可以去爬山，可以去攀岩，也可以自主安排一趟出国的远行。然而，她还是感受不到快乐，大多数时候，她也隐藏起了不为人知、没有人能够真正理解的抑郁。

新女性的微笑抑郁

她让我回想起多年前看过的一部令人深省的日剧《恋爱偏差值》。故事第一章的主角由中谷美纪主演，她饰演的是一位走不出失恋阴影，工作不太顺遂，还有朋友对她落井下石的单身都市女性。剧中，她心中满是痛苦和压力，所以在没有人看见的时候，就通过暴饮暴食，狂吃面包来缓解情绪及回避痛苦。

前述的两位女性都是单身。她们没有三明治世代所谓的上有老人要照顾，下有幼儿嗷嗷待哺的情况，看起来，生活压力应该是相对轻松许多。至于她们的心情，推论下来，也应该是很快乐，和抑郁怎么样都沾不上边，难以产生关联吧？

然而，事实却不是如此。

每个人都会有自己的落寞。优秀的人，也会在迈向成功的过程中，经历种种不顺遂及挫折。没有人能够事事顺心，也没有人可以点石成金。尽管有的人在事业上相当争气，能够独当一面，主动开发及拓展版图，一连开了好几个据点，甚至成了杰出人士的代表，因而接受各大媒体专访，还上了新闻。但，事业上的全力投注，是不是代表在其他的部分缺少了关注？有可能，那些部分里，正埋藏了不便为外人道的苦楚。

完美主义：看不见的潜抑

微笑抑郁常见于完美主义倾向明显的族群。完美主义的特征，是建立一个不符实际、过度严苛的标准，并且不断地去追求；认为自己必须达成理想中的标准，最好还能够超过这个标准，哪怕结果可能对自己不利，甚至有所危害。

这样的人，执行能力很强，目标完成度也很高。因为他们不会轻易地放过自己，认为自己必须完美，对自己近乎苛求。一切事情都要吹毛求疵，只为了达成更好的结果。然而，这也带来了抑郁的可能性，因为他们会去放大自己没做到、做不好的地方，并且把过程中已经出现的情绪信号，提醒他身心可能已经超载的指标，通通压抑下来，加以否认、无视，甚至干脆忘掉。

有些人可以知道，也能够承认自己正在压抑不满的情绪，正在忍耐让自己不舒服的人，正在勉强自己待在讨人厌的环境中。有些人则把压抑压进更深层的意识，连自己正在压抑自己的情绪都没有发现，仍旧是笑容满面。所以他对于自己究竟压抑了什么、为何压抑、从何时开始的，都毫无所觉。

对于追求完美的人，他们更难发现的，正是自己潜抑的部分。

当微笑抑郁发生在"完美主义"的他们身上

许多研究都已经指出，完美主义和饮食障碍有关。无论是厌食症患者，还是暴食症患者，他们在生活中的压力及情绪上的痛苦，皆是通过异常的饮食方式表达出来的。

当然，不只是饮食障碍的问题，包含酗酒、疯狂购物以及各种过度沉迷甚至上瘾等行为，也都是抑郁情绪的可能指标。关于抑郁的表现，不只是哭泣，不仅是失眠，也不只是存在自杀意念，我们都需要更多的观察及了解。

如同微笑抑郁的定义，微笑抑郁的完美主义者，能够成功掩盖住抑郁的情绪，而且多数人在事业的表现上也很成功。这说明了从某方面而言，他们的能力很强，不然怎么能在事业及其他层面上，大有斩获呢？也因此，若他们真的打定主意，决心要结束生命，可能会很容易就这样"成功"了。

他们的自杀，往往发生得毫无征兆，令所有人措手不及。身边的人完全没有发现他早已微笑抑郁，原来多数时候，他都在压抑自己的抑郁情绪，甚至潜抑所有让他难过、痛苦的心事，潜抑到深深的谷底。他总是露出微笑，总是看起来很好，以至于关心他的人难以及时发现，甚至提高警觉。

软化自责的声音

微笑抑郁的人都有容易自责、过度自责的倾向，所以更难开口向他人表达自己的难处及问题。而过度自责就是扭曲的自省。

自省本意为善，我们要做的，是调整力道及方式。

当自责的声音出现时，你并不需要立刻、当下全部拿掉，因为基本上，你也做不到。但是你可以让这些尖锐的话语，软化一点点。你可以检视自己，但不是苛责及批评；可以下次再努力，而不是因为这次失职，就认定自己罪该万死。

跳脱"完美"的框架,你将更自由

追求完美的人,心中的敌手不是别人,其实是自己。对手再怎么优秀,他顶多住在你隔壁,再怎样,都不会住在你的心底,也不会随时提醒你要更努力、更优异。更不会告诉你,多睡一分钟就会输人一公里。

这个世界不需要过多的成功。因为这些世俗认定的成功,多半都是假的,只会让人一时风光,但却失去更多,悔恨终生。这些世俗认定的成功,都是需要让人穷极一生去追赶的,但这样的生活却始终环绕着三个字:忙、茫、盲。

总是日复一日地忙碌,到了中场,突然感到莫名的茫然,直到蓦然回首,才发现一生活得好盲目,自己竟然从来没有回头检视过,自己究竟在走哪一条路。

这个世界真正需要的,是更多的互助合作,是更多的信任、关心与情感交流。而不是表面上和和睦睦,背地里却竞争得你死我活。

不再追逐完美,不再用完美逼迫自己、勉强自己,就是对于自己、他人还有这个世界开始有了安全感和信任的表现。完美是框架,更是局限。

我们需要真正地去学会接纳自己,真正懂得什么才是爱自己，而不是用定义去判定。你的美好，无须符合世俗的标准、社会的定义，当你能够真正理解及体会，完美主义就没有存在的必要，因为你的存在，已经很美，也是最美。

不善表达的男性，难言之隐的微笑抑郁

男性往往成为抑郁症大多数

"我怎么说得出口，我的儿子想要学随机杀人魔？！"

他难掩一脸疲惫地说，四年前的他，每天都想要跳楼。因为他的儿子从小就被发现有发展迟缓，还患有多重障碍①，说他是智能不足，看起来不太像，说是亚斯

---

① 多重障碍：指生理、心理或感官上两种或两种以上障碍合并出现的状况。一般把同时具有两种或两种以上障碍的儿童称为多重障碍儿童。

伯格症①，他的能力也没那么强。已经上初中的他，生活方面无法妥善自理，身上总是散发出浓厚的异味，看人的眼神总是十分怪异，有时还具有攻击性。对于感兴趣的事物相当专注，甚至过分执着，总是要爸妈满足他的需求，一生气就会拿刀片割坏家里的沙发、窗帘、壁纸、衣物等，还会把弟弟的书撕得稀巴烂，接着丢进马桶冲掉……

别人看他好风光，谁人知道他内心满是风霜

也许是祖宗庇佑，加上他年少肯拼，相较于五十岁的同辈，他很早就退休了。

他初中时期开始就半工半读，身兼多职，存了一笔钱后开始学理财、学投资，靠着父亲留下的一笔钱，加上自己的积蓄，从小套房开始投资，到了后来一间又一间，现在的他有好几间房可以收租金，经济无虞，收入稳定。平时他可以学国画、学萨克斯，闲来还可以跟三两朋友相约爬山、下五子棋。前提是，如果他没有这个儿子。

因为他的儿子时常出事，隔三岔五就会接到学校老师的

---

① 亚斯伯格症：亚斯伯格综合征（英语：Asperger syndrome，简称AS），又名亚斯伯格候群或亚氏保加症，是一种泛自闭症障碍，其重要特征是社交困难，伴随着兴趣狭隘及重复特定行为，但相较于其他泛自闭症障碍，仍相对保有语言及认知发展。

电话，说儿子在学校又闯祸了。不是欺负女同学，就是觉得哪位同学欺负他，把他弄哭了。再不然就是儿子冒犯到其他学生，同学的家长告状到学校来了。此外，只要儿子情绪上来，就会不见踪影，躲在某个角落，老师先是全校广播，接着出动人力寻找，寻不着又担心，只好急忙通知家长，商请到校处理。

幸也不幸，若不是他无须工作，哪能时时待命？

不仅如此，即便回到家也要时时看着儿子，不时安抚他的情绪。过去有好几次，儿子跟相差五岁的弟弟玩着玩着就起了冲突，只见大儿子盛怒之下转身就去拿菜刀，他瞥见的瞬间吓到腿软，立刻上前劝架，赶忙安抚，同时使眼色让太太把小儿子带开。

谁家兄弟不是在吵架打架中长大的，兄弟打架没什么大不了的。但是他的大儿子不一样，有攻击倾向，而且怎么说也不听，难以接收、理解及整合外界信息，甚至还会曲解别人的意思。看到电视新闻里的随机杀人事件，就说自己要学，而且还接连说了好几天，让身为爸爸的他惊慌恐惧到夜不成眠。

怎么教？如何教？他学历不高，但很好学，会自己找书来读，上网收集资料。接着他叹了一口气说，教养书都是写给一般家庭看的，他需要的不是这些，这些一点用处都没有。他很怕有一天，大儿子会伤害弟弟。

曾经有亲友劝他，不如就把孩子送去精神疗养院吧！但他怎么做得到？怎么放得下？那是他自己的孩子啊！是自己含辛茹苦，一把屎一把尿，亲手带大的儿子啊！要把他送去跟精神病患关在一起，度过余生，他怎么舍得！

就这样，他每天活在担心、焦虑及恐惧里。他担心孩子的未来，但不是关于升学，而是生活的问题；总是焦虑自己是不是没有能力，是不是做得不够好，做得不够多，接下来该怎么办；也担心会不会有其他家人或者无辜人等被儿子伤害。

他能不抑郁吗？当然抑郁。可是他能跟谁说呢？他没有工作压力，也没有婚姻问题，多数人已是羡慕得很，所以就算说了，也没有人能真正理解他。而且，说了也没用，因为这就像是一个永远无解的难题……

男性往往成为抑郁症大多数

许多报道及研究都指出，抑郁症患者当中，有六成半是女性。但我们必须看到，男性其实相当压抑，他们若是遇到挫折、困境及心事，多半不会主动诉苦，更不会主动寻求帮助或是就医。

许多女性经历挫折时都会找好姐妹诉苦，光是网络上的闺密群组就有好几个,她们会一起去上瑜伽课,组读书会。男性呢?不是没有,只是相对少见。

换言之,男性是庞大的隐形抑郁族群。

那么男性有抑郁情绪时都去做什么了呢?下班后去喝酒,小酌倒是没事,但许多人喝到了酒精成瘾;或者利用游戏转移注意力,却不知不觉就沉迷了进去。他们否认情绪、压抑情绪,甚至将情绪完全隔离,当作没这回事,安慰自己也欺骗自己,觉得一觉醒来就会没事了。

但,真的这么简单就能没事吗?

问题依旧存在,情绪也会持续累积。总是以为承受得住,以为都会过去的,一旦到了转不过去的瞬间,整个人就垮掉了,就崩坏了。

此外,自杀死亡成功的,以男性居多;企图自杀的,女性居多。

中国台湾地区自杀防治中心公布的最新统计中,进一步分析性别后发现,男性自杀死亡人数是女性的两倍,他们采用的自杀方式大多为上吊、烧炭及喝农药。换言之,男性不太会主动透露、倾诉及寻求协助,选择自杀的方式也往往更加极端,毫无挽救的余地和空间。

磨难与考验，蜕变的契机

前面的故事中的那位爸爸，后来是怎么从四年前每天都想跳楼的状态，走到今天的呢？

他说，还好有妻子和小儿子陪伴他。虽然大儿子是个无解的难题，也是他最深的牵挂，所幸他跟妻子感情甚笃，相处融洽，极少吵架，加上他又是一家之主，妻儿都需要他。从下定决心要活下来的那一天起，他想，也许他们父子的缘分就是比较深，他的大儿子永远不会离开家，也无法离开家，而自己将会永远照顾他。

不是有段话是这么说的嘛："越聪明的孩子离家越远。"这段话是许多父母表面的荣光，暗自的辛酸。但他却认为他这辈子，不会全然感受到这份辛酸，因为他的大儿子永远都需要他，都会在他的身旁。

……

最后他问我："心理师好考吗？要不然，我也来读个心理研究所吧。"他想，社会上还有那么多发展迟缓孩子的家长们需要帮忙，需要这个社会的理解、接纳及体谅。

爱是包容，但是道阻且长。

包容来自真正的理解,真正地理解才不会因为恐惧而心生误解。磨难让人渴望解答,考验让人学习成长,蜕变得更有力量。

三明治世代的微笑抑郁

责任不只是压力,更要看见背后的意义

一回到家,脱掉高跟鞋,衣服还没换,直接就倒下。

她原本只打算在沙发上坐一下,却累倒在沙发上睡着,耳环还没拿下来,脸上的妆还没有卸。这时候,突然有人来到她的身边,轻轻摇醒她。原来是她就读小学五年级的宝贝女儿,刚刚写完功课,想要跟妈妈聊聊天,说说话。

一回到家,脱掉鞋袜,领带还没松开。

他原本只打算在沙发上坐一下,谁知道妈妈一通电话打来,说老爸住院了。电话里慌张焦急的声音,让他立刻打起精神,一边安慰着妈妈,一边想着接下来要怎么安排请假,主管会不会同意,手边的专案进度,尤其是跨部门合作的部分,现在进展得怎么样了;若是请假,职务代理人会是哪位同事，可靠吗？脑中飘过更多的待办事项。接下来，他还要去医院轮流接替，照顾爸爸。

微笑抑郁的人，往往也是非常有责任感的人

工作压力很大，养儿育女的责任及压力更大。因为必须腾出原本属于自己的时间，甚至是牺牲自己仅存的时间，从此没有了优质睡眠，因为要拼命工作赚钱，要为孩子把屎把尿，看前顾后。原本可以跟朋友喝下午茶或逛街，去接睫毛、做脸或做个优雅华丽、bling bling 的光疗指甲；跟好兄弟相约打球、爬山、组队玩游戏。但现在，闲暇的日子、从容的生活节奏，仿佛一去不复返。

从孩子呱呱坠地开始，你就完全没有了属于自己的生活。不仅如此，你来到青壮年时期，爸爸妈妈的年纪也大了，身体机能开始出现退化，可能有慢性病或者突发状况，还需要你来照顾。

即使在成长过程中，你对于父母的教育方式及管教态度有许多怨言，心中也留下了不少阴影及伤痕，但是再怎么说，当初也是他们克勤克俭、含辛茹苦才把你养到这么大，没有功劳，也有苦劳。尤其是现在的你，也身为人父人母，有些事你也开始能够体谅，将心比心了；有些恩怨情仇、前尘往事，你也同时学着努力把它放下。所以，当父母需要你时，

你二话不说、当仁不让。父母的事岂能耽搁？尤其是攸关健康，当然必须一肩扛下。

但事情却好像怎么做也做不完，怎么做也做不好，问题一个接着一个：都这么努力了，爸爸的病况怎么还没有稳定下来，甚至是越来越坏？为什么孩子会在学校惹事闯祸，或者被同学霸凌，直到出了大事才被学校通知？为什么一开始，孩子没有对你说？……

于是，你忙上加忙，恨不得自己能有三头六臂，巴不得自己能有好几个分身。于是，你所有的时间、精力及体力，都用来满足其他人的需求，还有用来负责。

这些忙碌来自责任，一个又一个"非你不可"的责任。

为责任赋予新的意义

面对责任之所以让人感到痛苦，是因为我们多数时候感受到的，是责任带来的压力。

压力来自外界的要求与你现有的资源、能力有着明显的落差。在这个落差里，我们会感受到焦虑，但我们也会努力动用自己的资源，来提升自己的能力，缩小这段差距，把自我拉高到压力相同的水平，甚至提升到更高的水平，进而解决掉这些压力。

但如果差距持续存在呢？也许是可用资源不够，也许是自己的能力提升太慢，或者是问题一个接着一个，解决完第一个，还有第二个，接着还有第三个……这样的话，要如何让持续到来的压力及负担停下来？

除了责任带来的压力感受之外，绝大多数受责任捆绑的人，几乎找不到，也感受不到责任背后的"意义"。意思是说，养儿育女、照顾父母的责任背后，有什么珍贵的心理意义？这需要我们看见及认识，并且刻在心底。

从责任中学习，与自己和解

想想看，责任就只是负担而已吗？

责任其实也让我们拥有了跟爸妈相处、跟儿女交心的时间和机会。

而在相处上，面对自己那些习以为常的态度及口气，我们也获得了修正及调整的机会。这些正是我们时常忘记，但对于我们来说最为珍贵的东西。

重新找到责任的意义之所以重要，是因为你会发现，在养育儿女的困难及辛苦的过程中，自己竟然学习到了很多，甚至在教养儿女、和他们彼此怄气的过程中，你能够探索、发现、认识、修复，并疗愈自己当年在原生家庭里的成长伤痛。

你可能曾经因为调皮捣蛋,就被父母禁足;你可能曾经被父母误解,遭受到莫名其妙的体罚;你可能曾经被父母苛求课业成绩,让你下定决心,甚至是立下毒誓,今生绝对不能成为这样的父母,让孩子在成长过程中蒙受阴影而伤心;或者是你曾经在中学时期,被父母反对谈恋爱,甚至被父母偷看日记,这让你提醒自己,要学会注重孩子的隐私,因为他们跟你我一样,不是谁的财产,都是独立的个体。

当你成为爸爸妈妈时,你会去调整标准,不去复制上一代的模式,成为高要求的父母。

为什么是八十五分,不是九十五分?为什么练习过的习题,还会出错?为什么吃饭吃得这么慢,还一边吃一边玩,你这样有时间写功课吗?上礼拜钢琴老师教的曲子,你练好了没有?……当你学会了调整标准,改变教育模式,以上这些提醒、唠叨和逼迫,就不会再出现在你与孩子之间了。因为这时候的你,已经深刻明白了,你与孩子的关系和孩子美好的内心世界,才是更重要的。

这不就是责任背后的意义吗?这也是最珍贵的自我成长,它让你再次回顾了自己成长过程中的点点滴滴。当你每一次看见责任及压力背后的意义,都是再一次跟自己和解,疗愈当初那个痛苦、难过、委屈及伤心的自己的契机。并且,你还能将这些重新进行回顾,进而更有效地提醒自己,运用在你和孩子的关系里。

面对父母也是一样。照顾父母确实非常辛苦，却也让我们看见了父母亲也会老去，而不总是健康、高大伟岸，仿佛可以永远在我们前面保护着我们：那是父母留在我们心中的样子。以前总是一通电话，五分钟内就挂掉，现在，终于能好好地和他们说说话，也能仔细地看看他们了。

我们会因为责任而焦虑及抑郁，甚至是微笑抑郁。

但我们也会因为责任背后的意义，真正地认识生命的意义。对你所爱的人，对你重视的人，表达关心及谢意。

对付吸血鬼，需要十字架及大蒜；面对耗损你能量及心力的人，需要真正的勇敢。

如果你满足了他人的想象，

顺应了他人的期待，

就会"过度增强"他往后对你更多的期待。

旁人就是观众，你才是主角。

别人可以对你的性格、学业、事业、外貌、

人际关系的表现抱持期待，

但重要的是，期待要合理，

不能被"过度增强"，

不能被绑架及污染。

创业老板的微笑抑郁

了解尖角效应，不再微笑抑郁

踏上创业这条路，你就是老板了。身为老板，你必须时时满足客户的要求，符合员工的需求，这些全部都会变成日日夜夜、分分秒秒萦绕在你心头的"自我要求"。

客户有哪些要求呢？产品要好、价格不能太高、要有售后服务、提出问题必须即时回复、不满意还要能退货。遇到好客人，是万幸；若是遇到难缠的客户，只能拼命咽下这口气。因为生意难做，因为环境险峻。你所背负的不是一份薪水，而是整个公司上上下下，所有员工的薪水，而且员工还要养家呢！于是，你越是体贴，越是疲于奔命。

员工有哪些需求呢？三节福利要有，休假也是应该的。员工旅游不只要出国玩，最好能跨出亚洲。因为好员工就是良材，可遇不可求，既然遇到了，就要把他留下来。要是遇到不好的员工，临时请假，甚至当天才告诉你，他不来上班了，接着就是要你自己想办法。事后想找他好好面谈，他也许又误解了你的意思，反而去各大论坛留言、发文，影射自己的公司及老板是"黑心企业""知人知面不知心""假面老板"……

你百口莫辩，因为你难以求证，也不能为了自清召开记者会。社会大众已经悄悄地帮你对号入座，进一步影响了你的公司及事业。

创业家的微笑抑郁

随着社会经济结构的变迁，越来越多的人不再是子承父业，因为许多行业都已经进入夕阳末路，甚至已经完全消失。

还记得小时候，每天傍晚会经过家门前的面包车，还有扩音器持续传来"甜粿、红龟粿、菜头粿、肉燥粿"的餐车，以及贩卖五金、卫生纸等家用品的车会经过。儿时的我，听着听着都会背了，然而这些叫卖声，现在几乎再也听不见了。

不仅如此，以前被视为铁饭碗的军公教[①]的福利大幅缩减，接着流浪教师[②]出现；加上物价只会上涨，靠公司吃饭的人，只能领着永远一成不变的薪水……林林总总的现象，都让怀有危机意识的人，开始想要走上创业道路。

然而，哪种人容易被人贴上聪明的标签呢？其中一种，就是创业家，也就是老板。

他们看起来很有能力，听起来很风光，别人看他们的人生，都像是在看偶像剧。但只有创业的人心知肚明，他们看似可以呼风唤雨，实则筚路蓝缕。

他们心中，飘过的或许是这句话："别人的人生，看起来都是偶像剧；自己的人生，怎么演都是乡土剧。"

月晕效应与尖角效应

这是一个用键盘"杀人"的时代，网上的一句差评就会影响甚至重创企业形象。对于创业者来说，他能不抑郁吗？

[①] 军公教：中国台湾地区常用名词，是军人、公务员、教师三者的合称。

[②] 流浪教师：中国台湾地区的兼任教师，素有"流浪教师"的称呼。大多没有本职，不属于任何单位。目前台湾地区的有关规定，一律不适用于兼任教师，他们有如"法外孤儿"，无法享有特休、病假、婚丧假等一般工作者的权益，更无退休金的保证，每个学期是否能获得续聘，各学校各自为政，也都没有规范。

很难。但因为你是老板，身兼企业形象，也只能面带微笑，继续向前。

为什么只是一句差评，后续影响却会这么大呢？我想起心理学的两个名词，比较耳熟能详的，是"月晕效应"（Halo Effect），但这里所发酵的，是"尖角效应"（Horns Effect）。

我们对于他人的认识，首先都是根据第一眼的印象，接着再从这个印象继续扩大，以此作为推论的基础。简言之，就是以偏概全。

以公司的新进员工来举例说明：

月晕效应，是当我听到他是美国常春藤名校毕业，是高才生，那么我就会推论他是一个聪明机灵、勇敢、负责任且优秀的人，也就是有着全面扩散的好印象。

而尖角效应，是如果他在第一天上班迟到了，明明我跟他素未谋面，也不曾共事过，我却很有可能因此推论，他就是个不负责、不用心、不够严谨的人。

换言之，一开始有好印象，就会成为别人心中的好人。但如果一开始是坏印象，那么就会被其他人脑补、自行想象及延伸，产生相关的负面特质，慢慢在别人心中成为一个不可信赖的坏人。

打破既定印象，停止以偏概全

我们对于他人的认识及印象，都是这样形成的。更遑论刻板印象的作用，一旦既定印象形成了，往后就不容易松动及改变。这也是微笑抑郁不容易让人辨识及察觉的部分原因：如果一个人给人的外在形象和印象是开朗、阳光、乐观、正向、积极、幽默及讨喜的，那么你对他的印象，往往就不会有阴郁、悲观、焦虑、沮丧等被归类于黑暗面的感受，仿佛这两大类特质无法并存一般。

也因此，自杀憾事发生时，很多人的反应都是："好意外""怎么可能""不可思议""我不相信"。

别忘了，太阳与月亮，都存在于同一个宇宙之中。乐观与悲观，正向与负向，积极与消极，也可能同时存在于同一个人身上。

认识自己，才能在事业与人生里双赢

"无知的人并不是没有学问的人，而是不了解自己的人。"这段来自印度哲人克里希那穆提的话，真是醍醐灌顶，也是最好的提醒。

心理学总是不断强调一件事的重要性，甚至可以说是最重要的事，那就是"了解自己"。我们终其一生都在持续地面对、探索及认识自己。了解自己，不分性别，不分年龄，不分族群，也不管你的社会经济地位是高还是低。甚至社会经济地位越高的人，越需要了解自己，以免聪明反被聪明误。

能够创业，能够经营公司的人，都是愿意思考未来，并且能够独当一面的。你的能力不该只是用来开创、经营事业，更重要的是用来帮助自己，过好这一生。想想看，在事业上当个赢家，却在人生里成了输家，不是很冤枉吗？

创业的人，往往都是敢于走出舒适圈的人，愿意离开朝九晚五、看人脸色的工作；愿意从零开始，从基础做起，规划自己的职业生涯，开创自己的事业。那么，还有什么不能面对呢？

你可以了解产业脉动，可以了解市场趋势，那么了解自己，只是愿不愿意而已。

你不是没有能力，而是没有意愿。

能力需要花时间打造及锻炼，意愿却只需要一个觉醒。

……

尖角效应让创业的人，让身为老板的你，必须不停地追逐 KPI，日夜烦心企业形象，这给你带来了看不见尽头的焦虑及抑郁。唯有通过了解自己，才能看见自己是如何一步步地陷入抑郁，也才能更早发现，抑郁已经如影随形。

愿我们在事业及人生里，都是赢家。

空巢期的微笑抑郁

终于照顾儿女到长大成人,却失去了人生的目标

职场拼搏多年,他终于在事业上站稳脚跟,取得一番成就;她是一位好母亲,用心经营家庭,终于照顾儿女到长大离家。

明明一个阶段的任务总算大功告成,但他们却都突然不知道自己的下一步该往哪里去,内心仿佛空了一个大洞。

他感到空虚,但难以名状;她感到抑郁,却难以启齿。

因为对旁人而言,他事业有成,是上市公司老板,公司股价也很高,怎么可能抑郁?她高贵、美丽,被老公疼爱,还有两个可爱的孩子,是不是在无病呻吟?

如何定义抑郁？

多数人对于抑郁的认识，多半停留在"看起来"有明显的情绪低落，时常落泪，对许多活动都感到缺乏兴趣，开心不起来；活动量减少，如果可以就整天待在家里，足不出户；体重会一直往下掉，越来越瘦弱。睡眠状况也变得很糟糕，可能是失眠，或者过度嗜睡，总想要窝在床上；反复出现死亡相关的想法等。

确实，《精神疾病诊断准则手册》（第五版）（DSM-V）中，对于抑郁症的诊断及描述，就如同你我所想的一样：很明显的悲观、哀伤、痛苦、难过及丧失社会功能，无论是工作还是生活自理能力。这也是多数人对于抑郁症的认识。但是，微笑抑郁的表现形式，出乎我们原有的理解及认知。

微笑抑郁的他们看起来都很好，甚至好得不得了，没有明显的、具体、客观的压力事件，甚至在人群之中，他们都表现得很愉悦，还能让你破涕为笑，逗你开心。换言之，他们拥有良好的社交能力，跟亲人及朋友相处融洽，不是孤僻的存在。甚至，他们还有优异的工作能力，在职场上表现出色亮眼，业绩都是前几名，甚至身为 CEO，运筹帷幄样样行。

那么，他们究竟为何抑郁呢？

对于任何事件、状况乃至症状，我们总习惯找出原因，找出"合理"的解释，仿佛没有原因，就不构成抑郁，也不能够抑郁。问题是，每个人都是独立的个体，在意的事情都不同。即使相同，也会有不同的情绪感受及反应阈值。会让他感到抑郁的事件，不一定会造成她的抑郁；会让我痛苦难受的挫折，也许对你而言是举重若轻。

每个人的抑郁表现都不相同，就算有相似或重叠处，也不能一概而论，一言以蔽之。

将复杂的问题过度简化，是人性使然，因为这能减轻认知系统的负荷。然而，这也会让我们忽略，原来每个人的内心世界，都是一个独一无二的小宇宙，各有各的丰富，各有各的浩瀚。

看得见的问题，都容易解决；看不见的事情，才最不容易处理。缺少了深入剖析及认识，就会造成你从来不认识她，他也从来不了解你。更重要的是，我们甚至都不了解我们自己。

有一种抑郁，是生命意义的丧失

曾被选为全美十大成长导师的威廉·布瑞奇在《转变之书》中提到，"人生不是一条通往成功的直线，而是一连串螺旋式上升的回圈"。意思是，每到不同的人生阶段，你都会在目前这个阶段与下一个阶段的衔接之处，油然而生一股彷徨、失落、焦虑或空虚的感觉。这些不安的感受都是正常的，让你卡住、无法直线前进的关卡，每个人都会经历。

我们时常在处理着外在事物，例如人、事件及环境的改变，却往往忽略了最重要的，就是内心的转变。也因此会有中年危机，有分居、空巢期等相关议题出现。它们正透过不同的方式提醒我们，生命转弯的契机已经来临。

在不同的生命阶段里，你会有新的任务，而新的任务里面会有新的生命意义。你必须接受挑战、完成任务并找到意义，那时，你将感到内心十分充实。

扩展身份的认知

每个人生阶段都包含一个或多个身份及角色。进入婚姻及家庭后,你将会同时是丈夫、父亲及女婿,或同时是妻子、母亲及媳妇。当然,在各自的原生家庭中,你也是儿子,是女儿,是兄弟姐妹。

当儿女长大离家,父母进入了空巢期,要投注的陪伴时间、心力少了,身份也就相对淡化了。这时你们可以学习看见,自己还有好多其他的身份可以投入,还有许多角色等你发挥。

以前忙到没时间,无法跟从小到大一起成长的伙伴相聚,现在就有了机会;以前总想着要跟老同学相约重游旧地,看看小时候荡的秋千拆了没,现在总算可以实现了;以前总嚷嚷着,要跟另一半再去吃一次西餐,但一直没有去过,现在也能够重温年轻时的回忆了。至于那些属于"你自己"想做的事,想要完成的梦想,何时进行?就在此时,就是此地。

每个阶段,都能转弯,都是新开始

过去我们都被教育、鼓励,也习惯一条路通到底的人生,无论是学业、工作、恋爱,还是婚姻。就像是大学科系要和研究所一致;一生只能爱一个人,一生也只嫁/娶一个人;一生最好只做一种工作,不要有任何变动,稳定最好,直到退休⋯⋯

如此简化的直线思维，已经不符合这个时代的现状及演变。

因为人类的寿命明显变长了，多数人都会经历到过去祖父母辈不曾有过的阶段。而阶段与阶段的衔接之间，都可能有让人感到空虚、痛苦、失落甚至抑郁的感受。

我们要记得，转弯也是一种前进。你可以选择转弯，也拥有转弯的能力。别害怕转弯，别担心转弯会碰壁，因为每一个转弯，都是重新的开始。

突然来袭的微笑抑郁

面临重大生活改变，如何应对？

　　记得曾经有位儿孙满堂、仪态优雅的老太太，来到了心理治疗室。她接近九十岁高龄，先生待她甚好，两个人携手走过数十载的岁月。先生总是照顾她、保护她更是疼爱她，她是医生的妻子，婚后的生活几乎可以说是"十指不沾阳春水"，在家相夫教子，两名儿子都很优秀，目前都已结婚，各自成家，儿媳妇尊敬她，孙子孙女也都喜欢她。

　　生活优渥，幸福美满，恐怕许多人都十分羡慕她的人生。毕竟我也在心理治疗室听过了无数人间故事，多少悲欢离合、爱恨情仇，许多人的生命经历都是跟她完全相反的。

　　然而，老太太前阵子丧偶，先生已不是先生，而是亡夫。家中不再是双人枕头，只剩她孤枕泪流。

她的生命中出现了重大的变化，也让我联想到了"无常"两个字，无常总是来得措手不及，让人防不胜防。

她失去了相互扶持走过一生的伴侣，先生不只是家里经济的支柱，更是她内心的依靠，她今生最好的倾听者、支持者、鼓励者及陪伴者，她所有的酸甜苦辣、开心难过他都知道，而且都陪她走过。然而，先生的离世却让这一切都改变了，她生命的重心突然整个被抽离，生命的常轨也在瞬间被迫转弯，她再也见不到他了，再也不能跟他说话了……

突然来袭的微笑抑郁

人人都说少年夫妻老来伴，现在这个伴走了，比她先走了，她要如何习惯往后没有他的生活？叫她要如何承受？更何况，他们夫妻的感情还这么好，鹣鲽情深对他们而言不是童话，正是他们夫妻俩的最好写照。

老实说，这样的故事在心理治疗现场真是不多见。多半是来咒骂另一半的，外遇的、好赌的、欠债的、酗酒的、家暴的……大抵是想要另一半早日驾鹤西归，能够让自己吐一口怨气，或乐得清闲。相形之下，这种执子之手，与子偕老的真爱故事，真是少之又少。

如同老太太的经历，引发微笑抑郁的其中一项因素，就是生活中出现了重大的变化。可能是丧偶、失去了至亲，或者是遭遇外遇、离婚及债务等。有些是生命之必然，有些则是难以公开的突发状况。

人类很坚强，但也很脆弱。所以，即使一个人平时看起来都好好的，多数时间也都过得很不错，也并不代表他能面临突如其来的重大失落、考验及挫折，能够承受毫无预警的锥心之痛。因为大家都没有经验，没有人能提早演练过。

微笑抑郁的他们，依然拥有能量维持日常生活

我们对于抑郁症的认识，多半是来自生理因素、原生家庭经历及长时间的压力累积，无论是来自工作、经济、感情、人际关系，抑或是健康相关因素。因为现况难以改变，长期停滞，陷在痛苦情境，才会让人抑郁。长年郁郁寡欢、时常以泪洗面、欲振乏力……他们的情绪困扰及压力，大多数人都知道。

而微笑抑郁和重度抑郁症有许多不同之处，其中一部分就是，微笑抑郁的人不一定会存在重度抑郁症的典型症状，比如说非常疲累、食欲减少、睡眠形态的改变、无望感、低自尊及低自我价值感。同时，对于平常会感到有兴趣的活动，

他们也不会突然缺乏兴趣,而是依然很愿意参加。

微笑抑郁的人,看起来就是一个主动、开朗、乐观、积极和功能良好的人。他们能够维持稳定的工作,也有着健全的家庭及社交生活。而且多数时间,看起来都很快乐。

典型的抑郁症状当中,还有一项是看起来无精打采,甚至是能量低落,像是明明没有熬夜,也睡了一整晚,但是早上却很难起床,对于任何事情都缺乏活力,意兴阑珊。然而微笑抑郁的人,他们看起来精神奕奕,活力饱满,好像精神方面并没有出现明显的影响,或是能量减少。但也因此,他们的自杀风险会更高。

因为重度抑郁的人时常存在着自杀的意念,不时会有结束生命的念头飘过,但是他们却不一定有能量去把这些想法付诸行动。但是微笑抑郁的人却没有这样的"问题",他们有着化想法为行动的内在能量,同时也有动机去执行它。

每一个人,都可以是重要的陪伴

老太太说她不太想在儿子面前哭泣,只能在独处时默默垂泪。一个人住在充满回忆的空间里,总是不时感到伤悲,但是面对外界,她都表现出自己很好的样子。后来是她的妹妹发现异样,悄悄地联络了外甥,也就是老太太住在外县市的儿子。于是，儿子前阵子带她出国旅行，去了欧洲两个礼拜，孙女还嚷嚷着，怎么好久都没有见到奶奶。

老太太说，她担心自己会忍不住掉泪，所以才刻意减少跟儿子、媳妇及孙女见面的频率和机会。她不希望自己哭哭啼啼的样子，影响到儿孙和媳妇，让他们挂心及担忧，所以她宁愿一个人待在老家，加上附近也有邻居，那里是她最熟悉的环境。

出国散心的那段时间，她跟儿子聊了许多，当然还是有着悲伤、失落及深深的难过。可是慢慢地，她接受了儿子的提议，每个月过去跟他们住几天，不用去担心会不会麻烦到他们，也不要预设立场。因为，重要的是，他们是家人。

· 不仅儿女，兄弟姐妹也是重要的陪伴人选

如果不是老太太住在附近的妹妹及时发现，要不是有她连续几日的观察及陪伴，可能就延误了寻求心理治疗和协助，以及联系儿子的时间。而这些看似平凡、微不足道的瞬间，都是微笑抑郁者心中最脆弱的时刻。

慢慢来：关于陪伴的智慧

我们很容易忽视了陪伴的重要性，也很容易低估陪伴的效益。因为我们都喜欢立竿见影，期待困境能够即刻改变。

然而陪伴是一个长期的过程,只能循序渐进。

　　心理治疗,也是陪伴的过程。在高品质的陪伴过程中,我发现许多人都有相同的心事,都会有当下过不去的难关,所以,你并不孤单,更不怪异。通过心理治疗,你会再次地建构你自己,找回生命的重心,每个人都会慢慢地获得滋养和痊愈。

身为儿女的微笑抑郁

能者多劳？分明是能者过劳

"好好地洗个头，都不知道是几年前的事了。"

她是一名中学的退休老师。她嘴里悠悠吐出这句话的前三秒钟，父亲其实才刚吼完她："把你养到这么大，不孝、坏心眼，只会荼毒我、虐待我。"

自从父亲罹患了退化性失智症，几乎什么都快忘光了。母亲也是长年往返医院洗肾，还要看诊好几个科别，神经内科、心脏科还有新陈代谢科。桌上是满满的药袋，每一个药袋经过挤压，都是皱皱的。

早上要吃几颗药，晚上要吃几颗；几日要回诊，几日要复健；还要提前预约接送的车子，因为必须有升降梯的设备，才能让行动不便的老人家方便出入……林林总总要注意的事项，她只能拼命装进脑袋里，不仅需要用手抄写在笔记本上，还要用手机记在备忘录上。

她早已失去了自我，认真说来，是"陪葬"了自己的生活。

身为儿女的微笑抑郁

家里住在市区的精华地段，经济状况小康。她实在不好意思嚷嚷自己缺乏资源。因为比起更多的长照家庭[1]，她的资源可能算是"相对"多了。只是心里头的苦，看不到尽头的长期照护，让她感觉好累。或许哪一天老人家走了，自己就能够轻松了，但她从来不曾有过这样的想法。因为父母把她拉扯长大，含辛茹苦。对她而言，只要能够治疗，只要还有一丝丝希望，就要努力到最后一刻。

然而说着说着，其实她对自己开始感觉到陌生了。因为多数时间她都是绕着父母转，自己的生活、自己的婚姻及家庭，甚至是自己的想法及最深层的感受，这些都不重要了，至少不是第一顺位地重要。毕竟父母亲的健康状况，都是与生命相关的事情，稍有闪失，动辄得咎。而她不过五十多岁，自己的身体和生活，和父母相比，再怎么样，暂时不去在意，应该也不会出什么大问题。运动？哪有时

---

[1] 长照家庭：指家中有亲属罹患疾病，需要长期照顾的家庭。

间。饮食？不饿就好。睡觉？许久不曾睡得好。但也都无所谓了。

我们继续谈着。

她说，已经有好多年不曾有过属于自己的时间和日子了。结婚多年的她膝下无子，没有小孩的课业要盯，没有孩子相关的事情需要烦恼。就在最近六年，为了照顾父母，她离开了结婚后的家。也因此，现在的她久久才跟先生见面一次。没办法，谁叫她是长女，也是家中的大姐，下面还有两个弟弟。大姐担起这个家，本来就是理所当然。

我问她："可是这个状况下，你的休息足够吗？弟弟们不能一起分担吗？"看着她的外形，浮肿的脚踝，大大的黑眼圈，憔悴的面容，我还感受到，仿佛在她内心的底层有一股焦虑及抑郁，随时准备爆发。

她摇摇头，说没有办法。两个弟弟已经结婚了，都有小孩。大弟住在南边，小弟则在国外。而且父亲母亲从很久以前，就时常跟她说，不要打扰弟弟。他们都有自己的家庭、事业还有生活。

那么她呢？她也有家庭、事业及生活啊！差别只在于她没有生儿育女。她说她从小就习惯了。

她说，最累的是，自从父亲罹患失智症之后，时常不分青红皂白地乱骂人，甚至还会动手打她或是保姆。

父亲说:"你都不给我饭吃。"

父亲说:"你都不帮我擦药。"

父亲说:"你放着我的伤口溃烂,不带我去看医生。"……

照顾过父亲的每一位保姆都想跑,许多时候也难以沟通。也因此,她担心着保姆会趁她不在的时候,对父亲母亲不好,所以她要时时刻刻留意,分分秒秒都要盯着。

女儿是原罪,还是枷锁?

在中国台湾,常见到无止境牺牲及奉献的女儿。如果小姑未嫁,多半由她一人照顾年老的父母。如果是大姐及长女,也是由她张罗爸妈的一切,陪伴爸妈就诊、复健及后续治疗。并非儿子不孝,而是父母会担心影响到儿子婚后的家庭,所以多半会对儿子选择性地揭露,甚至是隐瞒事实,无论是健康大事,还是生活中无关紧要的小事。但他们却会对女儿大吐苦水,抱怨生活当中的所有不舒适,甚至还会夸大其词,让女儿的内心更加纠结,觉得自己力有未逮,百般不是。

能者多劳？分明是能者"过劳"

有能力的人最该死了！因为所有人都会要求你多做一点，把责任都交付给你，甚至连鸡毛蒜皮的琐事都会要你顺便代劳。不仅如此，可能在最初期，你也会这样地要求着自己。你想着，父母手足都是自己的家人，就承担这份责任吧，有什么好计较的呢？直到你这只骆驼，被最后一根稻草彻底压垮。

能者多劳，最初确实多半是赞美，是肯定，也是期许。因为每个人都知道家庭成员中，是谁最有能力，还有通常都是谁运筹帷幄、处变不惊。只是，能者的后来，往往都变成了"应该"与"习惯"，最后就是"压抑"及"忍耐"。

- "应该"

我应该实现家人的期待，满足家人的要求；我身为长子／长女，应该要主责；我未婚未嫁，没有家累，应该由我来承担。

- "习惯"

爸爸妈妈都习惯住在南边，你也住在南边，何必劳师动众，搬到北边来跟我们住？所以你也必须学着习惯。无论是照顾家人的重担、分身乏术的无奈，还是抑郁情绪，竟都成了习惯。

- "压抑"

劳累、疲倦、沉重、愤怒、好想一走了之……所有飘过你心中的念头，到了最后都变成了"没事""算了"。

- "忍耐"

明日复明日，明日何其多。除了忍耐之外，到底还能怎么做？没有足以信赖的人，没有更多的社会福利及资源，即便忍无可忍，也只能再忍下去。

用智慧奉养父母，用宽容对待自己

我们都是人，没有人可以无坚不摧，也没有人不会疲倦。当父母身体越来越不好时，我们要如何与他们相处？当被照顾者及照顾者的其中一方，或者双方的身心状况都益发恶化，我们到底该怎么办，才不会一起陷入低谷，走投无路？

- 用智慧奉养父母

承袭多年的男尊女卑、重男轻女的观念，我们不再复制，并且需要勇敢面对及打破。孝顺不是愚孝，多数时候我们需要也该做的是"孝而不顺"。如果愚孝及顺从，换来的却是内心的怨念，还有余生的不幸，那么谁来为自己的人生负起责任呢？那些怨念及不幸，又会转移到哪个出口呢？也许是身边的另一半，甚至是继续代代相传，那是你我都不愿再看到的女性悲哀。

·用宽容对待自己

勇敢面对自己内心深处的声音，承认早已蔓延的抑郁。看见自己需要被帮助，承认自己其实早已承受不住。适时适度地拒绝，勇敢地分担责任，不等于不孝，更无须自责。

长照家庭的微笑抑郁
从角色认同中解脱

"今天是心理师来,明天是物理治疗师来,后天是保姆来帮他洗澡,再后天是……我每天都像在'接客'。"老妈妈语毕,叹了一口气,紧接着又说:

"老师啊,你不要误会啊!我只是觉得好累、好累。"

长照家庭的辛苦,在于那些属于家属的部分,不曾被关注,却有着许多人难以想象的辛酸、悲哀及痛苦。

人生七十古来稀。这位已经古来稀的老妈妈,却要照顾五年前中风倒下的儿子,每天帮他按摩,盯着他吃药,陪他回诊还要做复健,终于能够一吐苦水时,却还要担心我产生误会,急急忙忙地解释。她注意到也照顾了我的心情,却让我对她更加心疼,还有好多好多的不舍。

老妈妈说完,接着大力地拍了儿子的背,说:"阿明啊!拜托你要认真一点,不要都只是我一个人在努力!"

看着每个家属都是面如死灰,还要故作幽默,长照啊长照,这到底是多长的折磨?

长照家庭的微笑抑郁

聊着聊着,老妈妈又说起陪儿子上医院复健的经验。

"侥幸喔!我记得有一次,陪阿明去医院复健,看到有人竟然是因为生小孩,用力生产的过程中,一个气没有顺过来,年纪轻轻的,竟然就中风了!"

不知道是不是庆幸自己的儿子到了中年才中风,她的话当中都带着感叹、惋惜和唏嘘。

长照上路,许多居家服务也启动,政府对于长照家庭的政策,让许多专业人员能够亲自进入家庭,让行动不便的患者无须出门,就能进行复健及被照护。然而这些资源及协助,其实还远远不够。

关于复健长路上的痛苦及辛苦,不是只有患者在体会,家属更是需要人看见、帮助及照顾的群体。

入戏太深:是你决定角色,还是角色决定你?

如果不认真细数,你恐怕无法知道自己身上到底有多少角色,至少你在第一时间,肯定回答不出来。

你可以同时是爸爸或妈妈、儿子或女儿、同事或长官,还是别人的朋友。而所有角色当中,就属"亲人"的角色最重,因为那是我们生命的源头,永远都无法切割。

许多微笑抑郁的人,即使在只有一个人的时候,也还在扮演着"妈妈"的角色,从来不曾出戏过,也没有从这个角色脱离过。

请想想看,是你决定了角色的观点、态度及标准,还是角色决定了你,让你无论如何都必须照着做,尽管你已经身心俱疲,标准依然如此严苛?

解决方法：找出身上有多少角色

为什么清楚自己身上有哪些角色，会是这么重要的事情呢？因为，不同角色，有不同的社会期待及自我要求。

恍然大悟了吗？

做人是多么不容易，尤其是你还想要成为很棒的人，那更是无比艰辛。这是一场角色认同与自我束缚的征战，一个角色，要面临多方期待与要求。

你最在意的是哪一个角色，你就会投入最多的比重。所以，你必须察觉每个角色，清楚自己投入了多少的比重，才能帮助你自我挣脱。

就像有些人对于工作的态度，就是得过且过，数着天数过日子，但是说到了家庭，就变成了最上进的CEO。你最重视、投入最多的角色，往往也是你的成就感、自我价值感的来源。

相反地，若是没有做好或达到目标，内心就会感受到深沉的失落及空洞。

举例来说，我是个好妈妈、好太太，能够照顾好家庭，美满的家庭来自我的努力、付出与贡献；即使我在外的工作表现一般般，我仍旧是很有用处的人。但如果这个角色被抽掉呢？所以我们不时看到，很多家庭主妇的孩子长大了，离巢了，她就失去了生活重心，甚至丧失生命的意义。

·改变角色认同的细节

《原子习惯》一书里面提到，行为改变最重要的一个面向，就是身份认同。而你的身份认同来自你的习惯、你的信念，还有你的经验。你每天所做的事，心中服膺的权威、想法及教条，时常经历到的大小体验，都会回过头来强化你的角色认同。

你可以想要成为一个好太太、好妈妈，但是不用事必躬亲。你不用鞠躬尽瘁，你不用十项全能，你不用尽善尽美。

你不用更好，无须最好，因为你已经够好。

·改变过度认同

好吧，也许你会说，我就是一个妈妈啊，没有人可以取代。可是，别忘了，你也是别人的女儿、别人的太太，最重要的是，你是你自己，无可取代。这才是真正的无可取代。

想想看，在别人面前，你是不是都被称呼为谁的妈妈、谁的太太、谁的媳妇？

太过投入，就会迷失及忘却了"原本"的自己。而且当你越是忘却了自己，身边的人就越会用角色来定义你，带来更多、更高并且无穷无尽的压力。你不是谁的谁，你就是你自己。

所有的角色、关系称谓都有相对应的社会期待。不仅是上下交相着，更是内外夹攻，如何做才能不压力破表？于是我们常常只能在压力无边的痛苦里，勉强挤出微笑。

过度认同单一的角色，怎能记得独一无二的你到底是谁？同时也会忘记，在你的生命及世界里，你才是第一位。

从角色认同里解脱

老妈妈最后说："我的脚去年开过刀，走路一跛一跛的。现在倒还好，不会痛了，只是不知道，能够照顾他到什么时候。可是他本人还一点也不着急，总是我在催他复健，中风的又不是我！"

老妈妈不时语出幽默，我不禁想到，这或许才是她真正的人格特质。

"原本"的她，就是开朗、活泼的女子，而不是等着苦尽甘来，从年轻到年老都还在为人把屎把尿的老妈子。

从角色认同里解脱，从微笑抑郁里解脱。

每个人都有很多心事、很多秘密中的秘密。别总是等到他再也承受不住，选择了结束生命后，才被人看见及发现，原来他们还有这么多不为人知的一面。最让人唏嘘不已、讽刺及叹息的是，最晚知道的，往往都是最亲近的人。

……

长年照顾家人的压力，仿佛是一种没有尽头的煎熬与折磨，无法说出口，但也没有想过要放手。俗话说没有退步就是进步，但几乎一直在退步，家属该多么彷徨、多么无助。

别等到一切都来不及，只能说再见的时候。

现在就开始，永远来得及。

辑三 给自己悲伤的权利

你能成为想成为的人

性格能改变,你是自己命运的主人

"性格决定命运。"这句经典名言,有人说出自精神分析大师荣格,也有人说是出自苏格拉底。出自谁,难以考证,但至少我们都听过这句话,而且对它深信不疑。

过去的心理学研究及相关知识,也一再告诉我们,人格特质是稳定不变的。这对所有人来说,都有着宿命论的味道,仿佛一旦天性容易悲观,过度追求完美,就容易陷入抑郁及焦虑,也就容易有情绪困扰的问题。

《科学证实你想的会成真:从心灵到物质的惊人创造力》中提到一项在2016年发表的针对性格的研究,它被刊登在《Psychology and Aging》,研究者们横跨了六十年,追踪上千位少年后(当然这些人现在已进入老年),提出了一个石破天惊的发现，那就是：

性格是可以改变的。只要你愿意改变，你可以成为跟原本不一样，甚至是截然不同的人。

你能成为想成为的人

我们过去一直都相信，性格是固定不变的，早年的心理学研究也都是这么告诉我们的。但是，这个研究打破了我们的认知。

这也是我不断反复地强调，要持续学习、大量阅读的原因，因为一直都有突破性的发现，才能让我们得以更新思维模式，替换思考内容，用来帮助自己修正不合宜的信念，甚至是有害的价值观，进而能够过好这一生。我们也能因此不再受限于早已过时的知识及思维，更不会对此进行无意识的吸收，进而内化成为自己的价值观，影响、决定甚至局限了自己及他人的一生。

每当我读到了纵贯研究[①]，而非横断研究[②]时，心中总是敬佩且感动。因为这需要大量的热情、恒心及毅力，才能够长时间地进行。不仅旷日费时，研究过程中样本容易流失，参与研究的人还可能因为各式各样的原因而退出研究，甚至消失。毕竟研究者也是人，热情可能会燃烧殆尽，或者因为生病、意外过世等情况中断研究。想想，研究者从青年进入了老年，被研究者从少年进入了壮年甚至老年，看着彼此成长，各自都变成了鸡皮鹤发，似乎也是一种趣味。

这些学者不仅发现性格可以改变，而且**只要你愿意承担起"改变"的责任，并且朝着目标持续锻炼，我们都可以成为想要成为的人**。只要有意识地持续练习，修正性格模式，调整面对刺激及压力的反应方式，将能逐渐成为你想要的样子。

---

① 纵贯研究（Longitudinal Research）：是长期性的研究，针对一群研究对象进行长时间的观察、追踪，进而收集资料的研究方法。它主要是在探讨研究对象在不同时期、不同阶段所出现的变化。因为纵贯研究的资料往往涵盖了许多个时间点，有些研究议题的分析资料甚至跨越了数十年。因此我们能够看到人类长期的发展趋势、环境及时代因素，还有当事者生命事件的影响。

② 横断研究（Cross-sectional Studies）：是在特定的时间点上，针对研究对象的心理状态、行为或社会现象进行观察及比较。它的优点是能够快速了解研究对象的特征、特定事件的现象及不同层面的状况。然而，因为只针对特定时期进行研究，缺乏长期资料，所以可能不够宏观，也难以深入探讨更长远的成因和发展趋势。

性格可以改变，命运也是

当然，也包含了抑郁情绪。

从小到大我们经历过好几个求学阶段，从幼儿园开始，进入小学、初中、高中、大学甚至是到研究所。不同求学阶段，都有一个共通点，那就是我们都有同学。回想一下，当初那个坐你旁边、流着鼻涕的男生，那个曾经都要跟你手牵手、下课一起去洗手间的女孩，他或她当初的性格特质、行为模式及各自的生涯发展，过了三十年甚至四十年后，是不是完全超出了你的想象？是不是每次举办同学会时，都让你瞠目结舌，或是整张嘴吓到合不起来？

过去的优等生后来进入黑社会；当初的小混混现在是神经外科的主治医师；那个总是最晚进教室，永远会迟到的人，现在竟然是精明严谨的大老板；曾经在校呼风唤雨，是所有老师眼中的红人，现在却流落街头当游民。其实也不用开同学会，只要你翻开报章杂志，甚至打开电视新闻，都会看到许许多多的案例。有人过去沉迷于酒精、性还有毒品，后来竟然摇身一变（当然不是短时间内），成为知识型网红，或是某个领域的专家权威……再怎么推算，这些人应该都是跟穷困潦倒、声名狼藉、妻离子散、家破人亡、长期住院或者锒铛入狱这些词的距离比较接近，因为这比较是符合逻辑的结局。

这中间，到底发生了什么事？

改变性格：换一条路，持续地走

这就是"性格上的改变"，决定了往后的命运。

所有改变都是环环相扣的，牵一发而动全身。**改变性格，就会改变我们应对压力的方式，进而决定了我们的情绪。**我们对于人生的信念，对于挫折及困境的诠释，也决定了我们到底是快乐还是抑郁。

我们可以想象，当你初来乍到一个新城市，没有地图导航，人人都是路痴。可是当你在这个城市待久了，同一条路走久了，已经熟知此处的地理环境及路径规划时，你就不会迷路了。因为你扩展了原本的能力，扩大了脑中既有的认知地图。对待性格也是如此。

性格无法直接用肉眼看见，我们都是透过外显的行为，去推测一个人的性格特征。无法改变性格的人，情绪反应及应对压力的风格永远不变的人，只是因为他们从来不曾修正。

改变性格，也就是"有意愿"并且"有意识"地"持续练习"的新方法。也就是目标明确，刻意练习。不再放任原来的性格及旧有习惯，进行"无意识"的导航及行为反应，例如过去一旦遇到冲突,当下的反应就是暴跳如雷;或者关系里被人剥削,总是忍耐压抑,不敢吭一声。

如何改变性格?

·建立有力的自我暗示

你都是怎么塑造自我认知的呢?也就是对于自身性格的了解及定义。

大致上,有三种途径:透过别人告诉你、自己翻阅书籍,或是比对自己长期以来的行为表现及蛛丝马迹。

其实,**这些就是暗示**。你会接收环境给予你的资讯,你会信任亲近的人所回馈给你的信息。对于这些信息,大多数的人都是稀里糊涂地囫囵吞枣,逐渐越发相信自己就是"这种人"。

若是有力量、有益处的性格便罢,但如果是无能为力的,让自己时时碰壁的性格呢?那就要重新建立自我暗示。

你可以告诉自己、暗示自己:"我是有能力的,我是有勇气的;情绪可以改善,困境可以改变,坏事不会重复发生。"

不想改变,可以找到一百种理由,而这些理由就是借口。想要改变,根本就不需要有理由。为什么呢?因为,找理由只是无谓的浪费时间。

环境里的回馈机制

观察一下，你所处的环境是在帮助你，还是危害你？身边的人都是唱衰你，还是鼓励你？

任何行为的养成，都需要环境来相辅相成。

环境当中的人事物，处处都是回馈机制，它们是能支持你来建立及维持好行为，发展更好（也就是更具有适应性）的性格，还是增强你持续表现出不好的行为，继续运用对人不利、对己有害的性格来过生活？

每个人都是一样的，当你获得鼓励，得到你想要的东西，就会想要持续并多做一点，即使在过程中会辛苦一些。

而当你得到惩罚，也就是自己不想要的结果时，就会克制或者少做一些，甚至干脆不做了。改变性格也是如此。

……

但愿我们都不再被童年创伤诅咒；不被过去的信念，还有你以为的性格绑架一辈子。

我们都可以改变性格，决定命运。成为自己人生的编剧，主导权都在你我的手上。

笑着笑着就哭了？我们需要面对真实的自己

无论悲伤或欣喜，都是你的一部分

微笑抑郁的人，明明内心很痛苦，却面带浅浅的微笑，流着隐形的眼泪。他们都是笑着笑着就哭了，还有他们脸上所流淌的泪水，面对面的人或许都看不见。

为什么看不见呢？一部分是微笑抑郁的人，连自己都不敢也不愿意承认那个真实的自己，他们再也不想要拼命奔跑了，不想要假装完美，也不想要面对麦克风及摄影机，更不想要再接受无止境的掌声了。

他们只想要卸下光环及面具，静静地休息而已。

想着"要做更好的自己",即是否定现在的自己

很多人都是这样:在工作上兢兢业业,在人际关系里求好求全,在多数人的眼中,已然是完美的化身。然而,若把外层剥开,把底层翻出来,其实都是外强中干。

我们时常自我勉励着,嘴里也嚷嚷"要做更好的自己",告诉自己必须完美,必须坚强。面对任何人际关系,必须笑靥如花;分分秒秒的工作表现,必须光芒万丈。然而时至今日,我却有了不同的体会及觉醒,那就是:所谓"要做更好的自己",是不是代表你对于现在的自己,有着不信任及怀疑,或者内心深藏自卑及恐惧?

当你追求着完美,渴望着还要更好,那就代表现在的自己不完美,也就是不够好。

如果你的自我认知是"我不好"或者"我还不够好",怎么可能会喜欢自己?怎么可能会欣赏自己?又怎么会活得安稳自在,不让焦虑及抑郁如影随形?你只能拼命追赶着目标,不断向前奔跑,时刻上紧发条,还日夜担心自己速度太慢,整天都活在没有尽头的竞争、自苛自虐的囚牢之中。

面对真实的自己很难。因为多数人都是否认、压抑、合理化地过完这一生。

当真正的感受、内在的需求都不被看见、面对及承认时,谁能不抑郁?

"这份工作我再也做不下去了。"

"这个婚姻我再也忍不下去了。"

"我好想要休息一段时间,也许是一个月,也许是半年。"

"我好希望他能共同负起养家的责任,可是十年下来都是我一根蜡烛两头烧,身兼多职。但我又不敢让人家知道我的丈夫好吃懒做,说出去真是丢脸丢到太平洋去。"

这么想着的你,面对同事,却总是都说自己"还好""还可以"。然后继续没日没夜地加班,焚膏继晷地过着两点一线的生活;继续吃着便利店的微波盒饭及饭团,即使墙上钉着贴着各种精神标语:生活要平衡,要爱自己,要尊重自己,要善待自己……

面对娘家父母的关心,或者朋友问候的时候,你的脸上仍是带着笑意,说:"婚姻就是这样子,哪有夫妻婚后还在谈感情?"甚至还说:"他至少没有家暴或外遇……"

当我们否认、压抑及合理化所有外在要求,还有内在感受时，就会距离真实的自己越来越遥远，也和内在的声音越来越疏离。

当内在的提醒及响铃突然响起时，还会告诉自己那应该是幻听，不要去相信。

不否认的前提是，你能"认识"并且"承认"自己

我很佩服那些中年觉醒的人，甚至中老年觉醒的族群。他们看起来很潇洒，行径很疯狂，但是他们终于面对及接纳了真实的自己。

例如渴望在亲密关系里，能够自由自在地呼吸，不再窒息及委屈，那就勇敢选择结束，不再貌合神离；或者不一定要结束关系，但终于能对伴侣说出真心话，不再让对方的理所当然，成了得寸进尺。甚至是，在工作上愿意换跑道，追寻真正想做的事。

不知该说是辛酸，还是应该感到庆幸，很多人都是熬到了大病一场，从鬼门关前走了一圈回来，才如梦初醒，惊觉自己从来没有倾听内心深处的声音；过了大半辈子，从来不曾认识到真实的自己原来是这个样子。

·"认识"自己

诚如前述所提，过去，包含你我在内的所有人，都以为追求"更好的自己"就是上进和积极。殊不知，那很有可能是来自你的自我批评，觉得"现在的自己"还不够好，有很多缺点，有所不足及匮乏的声音，甚至是很差劲。因为我们总是认为要有能力，自己才会被欣赏；有价值，自己才值得被爱、被喜欢。

当你持续地认识自己，深入地剖析及了解自己，你才会看见，原来在更深层的内在里，是你对自己的怀疑、低自信及低自我价值，而认为必须追求更好的自己，仿佛这样才能一再证明自己有能力、有价值。

很多人都说，要当好人，要做好事，要心存善念。然而，如果进一步抽丝剥茧，你会发现，有些好人好事的核心动机是想要被人喜欢，被人推崇及歌颂，其中夹杂着对价关系、个人议题及内在匮乏的需求。当然，在这里要先摒除本来就心怀恶意，很清楚地要意图不轨的人。此处所说的是那些没有真正理解、深入理解过自己内心信念的人，而这也是最多数、最常见的族群。

所以，认识自己的感受很重要。

就像俄罗斯套娃，或是剥洋葱一样，你可以去观察自己感受之下的感受、信念当中的信念，问问自己：

自我感觉良好，是真的良好吗？

感受是短暂的,还是相对恒长的?

感受是单一的,还是复杂多样并且同时并存的?

- "承认"自己

假如全世界都停了电,你无法开启手机游戏及社交软件打发时间,这时的你,就再也无法逃避,必须面对你自己了。这是你的生命课题。

承认自己的内心是一件很不容易的事。你必须面对,还有整合自己内外的不一致。怎么说呢?打个比喻就是,当窗外下了一场太阳雨,请问这到底要算是晴天,还是雨天呢?

看见自己内外的不一致,进而整合及承认。

意思是,你不需要是非黑白两种分类的二择一,而是接受无论喜悦或伤悲,无论阳光或下雨,这些都是你的一部分。

给自己一点"讨厌人"的勇气

请记得,以直报怨才是智慧

我们从小都听过"以德报怨"这四个字,然而我们都是不太认真的学生,老师的话都只听了一半,其实还有一句话是这么说的:"以直报怨。"因此对于他人的话,我们可能会不了解,甚至产生曲解,导致长年以来的误解,成了自己心里头的痛苦,还有人际关系里的积怨。

"以德报怨"出自谁呢?老子。

"以直报怨"出自谁呢?孔子。

《论语·宪问》里的对话如下。

或曰:"以德报怨,何如?"

子曰："何以报德？以直报怨，以德报德。"

老子说，以德报怨。孔子说，以直报怨。

其实二者都对，我们要有全面性的理解。以德报怨是平时就要和睦相处，避免结怨。然而，若是不小心产生冲突，因此结怨了，但是双方都有诚意化解，在可接受及妥善处理的范围内，不让矛盾及冲突持续激化，进而星火燎原，无法收尾。所以要让大事化小，再让小事化无。

但若是遇到冥顽之人，就必须将"以直报怨"派上用场了。

挤出善意的微笑，只为圆一个和平的画面

是人都有可能犯错，我们时常勉励及警惕自己，相同的错误不要犯第二遍，也就是"不贰过①"。这样的自我要求是好的，更是对他人的珍惜与尊重，因为我们犯下的错误，很可能会牵连及影响到身边的人，让他们跟着受罪。想一想，如果我借了钱不还，作为保人的亲友就会被讨债，甚至被人恐吓、威胁。这种莫名其妙的情绪刺激及相关压力，没道理让身边的人承受，所以我们会将"不贰过"作为对于自己的

---

① "不迁怒，不贰过"出自《论语·雍也》，即不会把愤怒发泄在别人身上，也不会犯同样的错误。

要求。

然而，只有自己不贰过就好了吗？当然不是。

在人际关系及所有互动过程中，更需要尊重自己，维护好自己的界限，不让中伤你、贬抑你甚至羞辱你的人贰过，反复犯错。姑息只会养奸，养不出水仙或神仙。

为什么我会联想起这一段呢？因为，微笑抑郁的人，多半也都是相当压抑的人。他们心中有再多的不舒服、压力及痛苦也都潜藏得很深，面对不给他好脸色甚至打他脸的人，还会挤出善意的微笑，去圆一个和平的画面：

"因为说出来会伤感情。"

"因为说出来会很过分。"

"因为说出来会影响气氛。"

"因为说出来就会关系生变。"……

你找了千百个理由和借口，去帮对方着想，帮对方的无礼言语、得寸进尺的行为找台阶下，但就是不帮自己多想一点，不多爱自己一点。难道在你的心中，你自己的重要性还比不上那些欺侮你、轻蔑你、让你痛苦难受的人？

以直报怨，才是智慧

什么是"直"呢？直就是一种规则及分寸。

人际关系的智慧之一，就是合得来一起上路，合不来就井水不犯河水。可是大多数人际关系里的痛苦，让人深陷抑郁的原因之一，就是合不来还要一起上路，合不来还要走同一条路。问题不在于人挤人，而是一起上路的途中，势必会时常相遇，时时会被对方的利刃，划出满身伤痕。

对于人际关系，如果我们没有属于自己的界限，对于相处及互动方式，如果不曾透彻明白地想清楚，什么才是合宜的分寸、有礼的尺度，我们就很难感觉到对方的步步逼近，还会暗自压抑自己的不舒服，甚至合理化对方的行为。

于是，你会认为自己疑心病又犯了，你会觉得对方应该也不是故意的；你会以为是自己小心眼，会假设对方是情有可原……你是善体人意的好人，但是心中的小剧场却把你推向了微笑抑郁的边缘，然后不知不觉地深陷。

过度以德报怨，不是包容，是纵容

你有没有深思熟虑过这件事呢？也许，人际关系的界限应当是"不分亲疏远近"。也就是，即使亲如家人，从小到大天天见面，时时相伴，也要明明白白地就事论事，公事公办。

国人社会里总有着护短的家族文化，因此才有了"胳膊肘往外拐"这句充满指责的话。意思是，对家人就要多包容一点，多体恤一点，要睁一只眼闭一只眼。然而，想必你一定听过，甚至亲身体会过，"最深爱的人伤害我最深"这句话。

因为没有规矩，界限不明，随时可退让，随时能调整；对待亲近的人，过度地以德报怨，结果积非成是。

那不是包容，而是纵容。他总是学不了乖，因为他只学过一个字，叫作坏。

要待人如己，也要让他人待己如人

你对待别人的方式及标准，和你所能够"接受"别人对待你的方式及标准，是否一致呢？

　　意思是，你不侵犯他人隐私，你愿意了解对方的状态，你能够尊重对方的界限及需求，这些都是很棒的。那么别人对待你的方式，是你所乐意及接受的吗？

　　在网络霸凌的世界里，常见到有人留下"长这么丑，怎么不去死""世界上没有你就好了"的伤人字语。而在现实相处的世界里，也会听到亲友说着"你怎么这么挑剔呢！标准太高了""工作没定性，你没有抗压性"等看似是关心，实则让人伤心的话语。他们总爱打探你的隐私，过度关切你的私事，甚至强行介入，不是发表他的高见，就是想要指导你该怎么做。最常见的例子就是逢年过节时亲友们的问候，让人头疼欲裂。

　　每个人都一样，我们都不喜欢别人自以为是的建议，也不想要他人包裹着善意的批评。对于微笑抑郁的人更是如此。因为他们在面对这些自以为是的建议、养分贫瘠的善意时，即便多么不舒适，还是会勉强自己吞下去，硬是挤出嘴边的笑意。而这正是加深抑郁情绪的基石，理不开也梳不清。

　　……

　　压垮抑郁症患者的最后一根稻草，在事后看来，通常都是微不足道的小事。不是说患者小题大做，把他人的一句话、生活中的一件事借题发挥，让自己看来委屈、悲伤、痛苦。而是，前面已有太多情绪刺激的累积，长年的压力与压抑，让他们在身心俱疲的状态下，即便只是一件小事都再也不想负荷。因此，很多抑郁症患者结束生命后，家人才恍然大悟，痛哭失声。

拿出以直报怨的态度，成为你自己生命当中，有智慧的好人。以德报德，以直报怨，你没有错待任何人，尊重自己是第一位的。

放下父母的期待，那些有条件的爱

自己的人生，自己定锚

你是想得到父母的肯定，还是不想自己做决定？

你是找不到自己的兴趣，还是不敢承担自己的生命？

不知道从什么时候开始，"人生赢家"成了许多人朗朗上口、常挂在嘴边的词，并且暗自羡慕着，拿自己和他们比较着。人生赢家的特点，就是高学历，还有很高的社会经济地位。他们都很优秀，都很聪明，能够在各自的领域里呼风唤雨，持续缔造佳绩。

但是这样的人，真的能打从心底感觉到喜悦吗？

他们所从事的专业及工作领域，就是他真心想要做的事，追寻着所谓的天赋及热情吗？

答案当然是不一定。

许多人生赢家的一生,都是遵循父母的命令及安排长大的。他们循规蹈矩,肩头上背负着的,是父母的期许。

当父母的期许,成了儿女的目标

父母都有怎样的期许呢?从小要学业优异,在师长眼中讨喜,要跟同学相处和气;长大毕业之后,要从事军公教,工作必须是铁饭碗,最好还是从事三师的工作——医师、律师、会计师。甚至在我成长的那个年代,许多父母对于儿女的职业首选就是教职,若理想工作是成为老师,那么往前推算,大学填写志愿时,就必须考上师范学校。

我们总是想着,只要达成父母的这些期许,完成目标,就能换得父母嘴边的一抹微笑,而那是多少儿女都满心盼望的肯定。因为我们是这样爱着我们的父母,希望自己能够成为父母心中的骄傲和荣耀。

可是,完成父母的期许有这么容易吗?

当然不容易。全班这么多人,第一名却只有一个。

如果没达到目标，父母还会爱我吗？

于是，我们担心着：若没达成父母的期许，自己还能是父母的心头肉，还能获得他们的爱与支持吗？

在许多人的成长经历中，都体会过一股重大的失落，就是父母的爱是有条件的。你必须做到、达成及符合他们的期待，才能获得他们的赞赏及肯定。对儿女来说，这些就是爱的象征与指标，也是能不再被反复叨念、催促及逼迫的条件。

所以，很多人都是这样：在懵懵懂懂、完全不了解自己的时候，就开始把父母的期待，内化成自己的"我应该"。在开始探索、试图厘清自己的好恶时，因为父母的过度介入、否定、挑剔及批评，而开始怀疑自己、质疑自己甚至不相信自己。

在这个过程中，你的辛苦追逐，让你整日活在竞争里，活在恐惧及不安里，生怕被人超越，生怕无法达到目标。你开始感到抑郁，但是你仍然得微笑以对，因为让你感受到庞大压力的对象是父母，他们都是为你好的人，不是你能指责、挑战及反叛的人。

于是，你踏上了一条没有尽头的道路，拼命追逐父母心中的好，也就是世俗所定义的成功。但你有没有想过呢？父母都会老去，甚至也会在未来某一天，离我们而去。如果你所渴望的肯定来源就是父母，而且只有父母，那么到了那个没有人逼迫你的时候，也不会有人来肯定你了。

赢在起跑线，死在中继站

抑郁的人，都想要成为优秀的人。

想来很幽默，也很心酸。如果孩子的能力太好，读书考试、课业成绩及竞赛表现优异，那么他将更容易被父母亲打蛇随棍上，被要求要更精进，因为父母可能会选择性地放弃相对不成材的子女。而如果这个孩子太优秀，可以考到前三名，他们就会希望孩子下一次能拿第一名，接着就是次次都要第一名，一点退步都不行。

学生跳楼自杀的新闻早已屡见不鲜。无论是大人或小孩，可以说九成的人，都一定怀抱过，或持续有着这样的心声："我的父母从来都不了解我。"然而你可曾想过？其实父母对于他们自己，也都不曾了解过。

有些父母到了年老临终之前，才懊悔自己年轻时，对待儿女过度压迫，导致亲子关系疏离，甚至是老死不相往来。或者是孩子再也承受不了升学压力，选择从高楼一跃而下时，父母才悔悟自己的教育态度及期待太过苛刻，当初不该将自己的梦想，强加在孩子身上，如果可以重来，只愿孩子能够健康平安。

自己的人生，自己定锚

父母的想法，当然有其参考价值。因为父母吃过的盐，比你吃过的米多；父母见过的世面，比你经历过的多。但是，父母的生命经验比孩子丰富，这是在孩子嗷嗷待哺，还没有独立自主的能力去创造自己的人生之前的状态。一旦儿女开始了学习及成长的道路，终有一天会超越父母，他们也将拥有更丰富的体验，拥有更宏观的视野。

父母的肯定很重要，但你自己的兴趣、喜好和盼望呢？你真心想做的工作呢？会不会有一个部分是，其实我们也从来不曾认真思考及深入探索，真正了解自己的喜好？

因为，如果不是自己做的决定，那么如果失败了，也不是自己的过错；若是自己做决定，就必须对自己负责。尤其是，如果自己的梦想很遥远，很难实现，或者成功案例不多，其实也会让我们更加却步，想要打安全牌，因循父母的安排，选择更多人走过的道路……

若等到父母不再控制（无论是因为父母亲观念改变，

或者是离开了我们），我们已然中年，才开始面对内心的渴望，想要寻找自己真心想做的事时，却可能会因为体力大减而无法行动。或者被其他生活压力及角色责任牵绊，例如结婚、有家庭成员要你照顾，那么困住你的种种琐事，将会更加盘根错节。这时你将益发抑郁，这样的人生，就是一再让步。

放下父母的期待，是一生最重要的功课

父母的心愿，连菩萨都满足不了，你又何必勉强自己呢？父母的期待，你不一定要超越，也许我们该学习的是超度。

让这些期待好好地过去，桥归桥，路归路。你不用照单全收，用来困住自己，让自己抑郁，甚至微笑抑郁。

记得，你的存在本身就是价值。

……

请不要做太久孝道文化的受害者，每个孩子来到世界上，都是被祝福的；每一个生命诞生下来，就有其价值，这无须证明。

记得抬头照照镜子，端详镜子中的你，看见并承认"我

们都长大了"。拿出自己的力量,活出自己真正想要成为的样子。

认识自己的感受很重要。

就像俄罗斯套娃一样，或者也可以说是剥洋葱，

要看到信念当中的信念，问问自己：

自我感觉良好，是真的良好吗？

感受是短暂的，还是相对恒常的？

感受是单一的，还是复杂多样并且同时并存的？

微笑抑郁的心理层面

因为"神经可塑性",我们都能痊愈

关于抑郁症的成因,众说纷纭,有非常多的切入角度、研究及探讨。而抑郁症患者对于药物的反应也是大相径庭,有些患者对于抗抑郁剂的反应很好,而有些人则是不甚明显,必须持续调整药物的种类和剂量。

一个"鸡生蛋?蛋生鸡?"的问题来了。

到底是先有生理方面的异常,才产生了后续的抑郁情绪,还是因为有了抑郁情绪,才导致生理结构在长期抑郁的影响下出现了变化?

抑郁症并非全然来自生理异常

抑郁症从何而来？我们常常听到的一种说法，就是大脑里面的血清素浓度不足，以及一种与抑郁症有关的基因"5-HTT"。而抑郁症患者的大脑扫描结果也显示，有些部位的反应过度活跃，有些则是明显不足。

此外，研究也发现抑郁症所影响的部分，包含了杏仁核、下视丘及前扣带回皮质。其中，杏仁核与侦测外在威胁刺激有关；下视丘与食欲、性欲有关；前扣带回皮质则是与负向情绪、同理心具有关联。

我们都同意抑郁有生理因素的影响，但也不能因此就全盘认定抑郁症完全起因于生理异常，否则，会出现以下三个问题：

一、我们会深信，在生理层面，单靠个人能力无法改变及介入，只有通过服药或手术才能处理抑郁。这个观点大大忽视了个人心理及社会文化层面的影响，也就是生理—心理—社会（Bio-Psycho-Social）三方面的共同作用。

二、这会产生后续对于药物的依赖及成瘾。谁都不想吃一辈子药，但同时我们也都喜欢便利的方式，相较于去面对生命课题，药物相对轻松不费力，只需要你把它吞进去。

你可能会变得不愿花时间及心力去了解造成自己抑郁的所有相关因素。那可能来自原生家庭，或是病态的社会文化下，扭曲的价值观造成的庞大无边压力。又或者是自己的思考风格、性格特质及行为模式，在人际相处、处理工作及调适情绪时，容易产生不好的结果。而这些态度、行为及思考模式，都是可以透过学习及练习去改变的。

三、当我们认定抑郁起因于生理问题时，可能导致更强大的无力感，导致更加绝望及抑郁。毕竟没有人能自己打开自己的脑袋，改变里面的结构，调整里面的突触及神经传导物质，再加上抑郁症的特色之一，就是无望感，还有无力感。两相作用下，只会更加绝望和无力。

"第七感"：提升生命韧性，拥有幸福的能力

每个人都拥有着不同的基因，所以天生就有不同的肤色。但是别忘了，基因会跟着环境共同运作。换言之，天生皮肤白皙，不代表你永远晒不黑；拥有容易抑郁的基因，不代表抑郁症就一定会发作。

而抑郁症的发作，都会有事件的触发。有些事件在刚开始出现时看似微小，我们也都承受得住，所以感觉一切还好（但也因为这样，非常不容易注意到）；有些则是毫无预警、突发的重大压力事件，例如亲人骤逝、失业、失

婚或伴侣外遇等。这些突如其来的洪水猛兽,容易让人瞬间被击倒。

丹尼尔·席格博士从人际神经生物学(Interpersonal Neurobiology)的角度,提出了"第七感"(Mindsight)的概念。它指的是反思自己与他人心智的能力,也就是能够感知与认识我们生命当中的调节机制(心智)、分享(人际关系)与神经机制(大脑)。

《第七感——启动认知自我与感知他人的幸福连结》中,提到了"身心健康的三角支柱"包含三个层面:人际关系、心智及大脑。透过人际关系经验的重新整理,也就是有意识地聚焦在良好的人际经验,并刻意练习,终止负向的人际互动循环经验,以及透过神经元联结的建立及强化,中断及削弱,有助于提升生命韧性,拥有幸福的能力。

书中也指出,中央前额叶皮质有九大功能,包括身体的调节、同频率的沟通、情绪的平衡、反应的弹性、恐惧的调整、同理心、洞见、道德意识及直觉。前面八项是有关身心健康的描述,是有助于提升身心健康的参考指标。研究也证实了充满关爱、具有安全感的亲子依附关系,能够引导出上述成果。

"神经可塑性"：聚焦注意力，重建神经联结

《心灵的伤，身体会记住》一书中，贝塞尔·范德寇（Bessel van der Kolk）医师也从神经科学的角度，带我们了解"创伤会重塑大脑"：遭遇过重大创伤的人，尽管希望人生继续向前，伤痛能够复原，可是负向经验会如同故障的警铃，不断发出警报，而且几乎不受理性左右。往日创伤不曾离去，历历如昨。**不过，他也指出，运用"神经可塑性"，可以处理创伤在大脑及身体所留下的印痕。**

神经可塑性（Neuroplasticity）是指我们的大脑可以因为新的经验，进而创造出新的神经联结，并长出新的神经元，也就是刺激神经启动及成长。方法是：聚焦注意力。

集中的注意力会启动特定的神经通道，开始建立基础，从此改变这些启动神经元之间的连结。当我们的注意力高度聚焦在某处，就会启动该处的神经通道。不仅是启动，还会因着后续的练习，进一步强化。

也就是说，我们可以强化生命韧性，改善抑郁情绪的部分，进而提升快乐的能力；反之，若不曾聚焦或太少聚焦，可能会削弱生命韧性，加深抑郁情绪，如此就可能阻碍快乐的能力。

经验会影响我们，但我们也可以倒过来"创造"经验

我们可以因为新的经验，创造出新的神经连结，长出新的神经元。

苛刻恶毒的虐待，或者友善温暖的对待，都是经验，都会影响我们大脑中的神经元启动及连结。如果在关系中，总是感到生气、愤恨、委屈、焦虑、抑郁等，就会启动并强化这些神经联结及反应，更容易产生负向情绪。连带的，是更加剧的低自信、低自尊、低自我价值感及低自我效能感。

因此，我们可以**主动打造有益健康的人际关系，拒绝及远离有害的任何经验**。意思是，不再只是将注意力放在负向的人际关系及互动经验，例如被人贬抑、遭受羞辱、总是被人得寸进尺。

日常生活中任何一种人际关系的互动，都会造成神经方面的影响，并且在不知不觉中，进一步重新塑造神经回路。看不见，但却影响深远。所以，从小到大，来自原生家庭的经验中，受到肢体虐待及精神暴力对待的孩童，会被刻下来的印记所影响，长大成人后，逐渐出现情绪失调及各式各样的心理困扰。然而，有些人会承袭相同的暴力及伤害剧本，

情绪困扰代代相传；有些人却能终止，甚至逆转这些悲剧复制，不再抑郁，到底差异在哪里？

我想，关于这个问题，还有更多的因素可以继续讨论。例如个人心理特质的了解及强化，后续其他经验的影响及介入，甚至是社会大环境的改变，都是重要的环节，不容轻视。

……

从神经可塑性的角度可以看到，原来我们可以因为生命中新的经验，去改变神经连结。换言之，抑郁症是可以治疗的，微笑抑郁也是可以再见的。当然，我指的是"再也不见"。

我们不是受制于那些看不见也无能为力的命运，或是神经传导物质、异常的脑部结构，所以生理部分只能开刀、吃药，心理及社会的部分就只剩下求神问卜、祈祷、搬家甚至是改名字。

你是自己的老师，你就是自己的医师，你也是自己的心理师。关于抑郁，我们有可以自己努力的部分。

你将看见，情绪操之在己，人生也是如此。

需要你愿意学习，并持续练习。

认识你的敏感及共感特质

尽管人言可畏，不再无疾而死

还有多少人记得阮玲玉呢？

她是20世纪30年代的中国知名女星，风靡了十里洋场，却因为感情及婚姻路上多波折，再加上当时受到了无数人的抹黑、中伤及造谣，也就是现在所谓的"霸凌"，最后她再也忍受不了，写下"人言可畏"四个字，选择服药自杀，结束了年仅二十五岁的生命，从此香消玉殒。

如果阮玲玉来到2020年，也就是90年后的今天，虽然内心仍旧凄苦，但想必不会太孤单吧！因为她的同伴更多了。

现在网络兴盛，一个按键按下去，就可以发布一则消息，散播到世界上的各个角落，完全无视它的来源真实性。振奋人心的消息传得很快，刺伤人心的消息传得更快，无须检验也无从把关，人人都可以是霸凌的旁观者、帮凶，甚至成为施暴者。

即使不是名人，如你如我的平凡百姓，有多少人能承受外界的压力？又有多少人面对恶意攻讦，能刀枪不入，内心如铜墙铁壁？几乎没有。尤其对刺激格外敏感的人，想必更加难以接受。

你是一个敏感的人吗？

你有听过"高敏感族"（Highly Sensitive People）这个名词吗？它由心理学家伊莲·艾融（Elaine N. Aron）所提出的。与之相关的名词，则有"共感人"（Empath），由医学博士茱迪斯·欧洛芙（Judith Orloff MD）所提出。

共感人也具备了高敏感族的特质，容易受到刺激影响，特别需要独处的时间。他们对于声音、气味、光线、碰触、温度等都特别敏感，而且不喜欢人多的地方。比起多数人，他们需要比较长的时间才能够进入放松的状态，进而好好休息。但是共感人的感受，比起高敏感族又更进一步，共感人会内化来自他人的感受、痛苦经验及各种身体知觉，仿佛是亲身经验一般，所以难以区分到底是自己的难受，还是别人的痛苦。

这些特质让他们活得分外辛苦，但这也是一种天赋，因为他们比其他人更能体会别人的感受，并且给予关心及照顾。

同样身为共感人的茱迪斯·欧洛芙博士提到，共感人特别容易吸收到别人的负面能量，若身边有乱发脾气的人，出现情绪暴力、恶言相向、嘶吼等任何会挑起压力感受的状况时，都会让共感人更加痛苦，身心俱疲。

高敏感是一种特质，更是天赋

无论是高敏感族，还是共感人，他们就像一块海绵，也像能纳百川的大海，容易吸收和接受他所处情境里的任何刺激，无论是快乐及喜悦，还是庞大的压力。具有高敏感特质的名人，包括了金·凯瑞、妮可·基德曼、薇诺娜·瑞德、林肯总统、戴安娜王妃等。

如同国外研究发现，微笑抑郁常见于喜剧演员身上。我想，许多艺术工作者也都拥有高敏感，或是共感人的特质。因为这种特质，也可以说是能力，能够帮助他们创造出更出类拔萃、石破天惊的艺术作品。也因为他们能够攫取到环境中最细微的线索，能观察并感受到大千世界里蕴藏的许多美好，无论是声音、光影、气味还是别人的生命故事，都可以化为他手中的创作，可能是剧本、小说、画作，也可能是诗歌，或者艺术表演的养分。

然而，如此细腻的感官，如此深刻的知觉，很容易和抑郁扯上关联。因为大千世界里，不会只有美好，也会有丑恶；不会只有生气蓬勃，也会有生灵涂炭。光明与黑暗，善良与邪恶，他们都会感受到，接收到，并且吸收进去，成为他心里的一部分。这些都是对于他们身心灵的刺激，可能造成随之而来的情绪起伏及压力。

"情绪感染"不容忽视

情绪感染（Emotional Contagion）的影响，处处皆是，不容小觑。

一般而言，人们都会被团体中其他人强烈的情感所感染。试想，当偌大的办公室里，有一个人突然勃然大怒，恶狠狠地将椅子举起，重重摔到地面上，想必他附近的同事都会被这个举动惊吓到，并且余悸犹存一段时间吧！因为他们都感染到了他的怒气。而对于高敏感族及共感人，这些震撼、刺激及压力，将会影响及延续更长的时间。

不仅如此，成长过程中，若是双亲一言不合就吵架争执，待在同一个情境里的孩子也会感受到强烈的不愉快，因而紧张、焦虑甚至是恐惧。

所以，中断情绪感染所引发的连锁效应，对于一般人、高敏感族及共感人而言，都是需要自我觉察、持续学习并时时自我提醒的功课。

如何中断情绪感染？

方法是，**与正向的人共处，避免被负向能量拖累及损耗**。

我们必须能够自我觉察，并且学习分辨身边有哪些人事物，会对你的情绪感受带来重大的刺激，让你相当不舒服甚至产生焦虑及恐惧。对于这些干扰，必须远离或者保持距离。无须为了礼貌及客气，过分地勉强自己，不合理地要求自己。

· **高品质的独处**

独处不是一个人待在房间里，却开始反刍他人恶毒的批评、无情的攻击，这是许多深受抑郁所苦的人，时常会有的情形。他们即使回到家，离开了让自己不舒服的人及环境，仍沉浸在当时的情境里。但这么做，就相当于让刺激反复出现，从而一再伤害他，一再打击他。甚至，他们不仅是反刍，还会自行推测及联想最坏的发展、最糟糕的结果，如同提前预演一般。简言之，就是胡思乱想。

他们会觉得自己很没用，那些让自己痛苦的问题，就是孤臣无力可回天，注定会失败；而自己的失败肯定会让人看不起，成为别人茶水间的话题、朋友间的笑柄……这一切明明没有发生，对他们而言，却如同已经发生，或是必然发生。

高品质的独处，是隔绝阳光、邮件、短信、社交软件、电话、他人的交谈声及环境的嘈杂声，彻底静下心来，跟自己的内心联结。

去看见自己的内心，有多少恐惧是自己想象出来的；问题的困难度，有多少是自己假设出来的；有多少资源还没使用，有多少朋友值得信任、可以求助但却不曾开口过。其实，你有无限的潜能尚未开发，那些潜能足以帮助你克服问题，渡过难关。

· **分段睡眠，优质休息**

越是疲累的状态，就越容易吸收到刺激、压力及外在的负能量，形成恶性循环。所以白天的时候休憩片刻，是重要的，也是必要的。无须受限于夜晚才能睡眠的教条，身体就是你最好的老师，不光要倾听心里的声音，同时也要了解身体感受正在告诉你的信息：适时休息。

扩展性的信念

离开过去经验的囚牢

活在过去、停留在过去的人,与微笑抑郁的距离到底是近,还是远?

过去的经验让我们能重温往昔的美好,但也是困住我们的囚牢。因为过去是死的,是停滞的。

除非我们经由学习及成长,能对过去的负向经验赋予新的诠释,注入新的活水,否则对某些人来说,让自己受苦的不仅是过去的负向经验,连正向经验也是。因为曾经的快乐、风光及丰功伟业已然过去,而且是难以重新打造的。

让过去过去，未来才会来

前阵子流行的一段话，是这么说的："很多人到了八十岁，才入土下葬，其实他在三十岁的时候早就死了。"因为多数人都是日复一日，过着如同行尸走肉般的生活。

当我们被过往的经验囚禁，把多数时间的专注力及心力，都用在回忆及后悔过去，就会觉得现在的生活贫乏，生无可恋。对未来的想象，也不会更好，只会更糟。

我们习惯由现况推想未来，想着自己会老去，亲人会死掉，朋友会离开，工作有可能朝不保夕……我们担心最好的情况顶多是维持现状，但恐怕也不能维持太久。如同AI时代来临的消息，铺天盖地席卷而来，所有人都在关注，不少人则开始高度焦虑，甚至抑郁。开始想着，自己的工作有一天会被机器人取代，到时候该怎么办呢？"人人都说'老狗学不了新把戏'，我都到这把年纪了，还学得会吗？能够顺利转职吗？"越想越灰心，越想越无力，还益发抑郁。

扩展性的概念

如果我们对于自己、对于未来没有扩展性的信念,就很像坐牢一样。那么,该扩展什么呢?

·扩展自己的能力

相信自己还有更多的潜能没有发挥,一旦这些潜能发挥出来,将足以应对未来的挑战,以及所有变化。

·扩展我们对于未来的想象

人生不会只有威胁,也会出现好事;即使有危机,那也是转机。如果我们没有这样的思维作为支撑自己的基础,就很容易在信息轰炸的时代,感觉自己被层层包围且困住;看不到有希望的未来,如同受抑郁症所苦的人一般。

我想起多年前还住在桃园时,某天结束工作,因为公车班次少,所以选择了先搭出租车,再转公车。那位出租车司机是一位五十多岁的大姐,她说她原本从事美容美发行业,因为店面租金越来越贵,还有人事及物料成本,再加上家庭因素的考量,她选择了收起原本的小店,转行来开出租车;因为才刚出来做两年,有些路线及地点还不是太熟,要我多包涵些。

从美容美发行业，转到交通运输业，不仅是技能完全不同，连服务族群、产业文化及规则也截然不同。尤其，她还是五十岁转行，我相当诧异，更是感到佩服无比，于是开始跟她聊了起来，顺道请益。

她分享了许多心路历程，从学习开车、考到驾照、上路，都是从零开始。最后她笑着说："人要学到老，才能活到老。"

就是这一句话，让我一直记住了她。

学到老，才能活到老

多么豁达的人生智慧啊！这句话相当朴实且接地气，告诉我们，想要好好活到老，就要活好每一天。而认真生活的每一天，你所熟悉的过去的那段人生不会重复上演，未来的每天都会有着挑战及未知，是新鲜事，也是刺激的来源，你得日复一日怀抱着学生时期的心情和自觉。

这也让我联想到狄帕克·乔布拉（Deepak Chopra）医师的著作，《人生成败的灵性7法——让一生圆融无遗憾的关键法则》。他提到了人类的执着来自贫困的意识，而我们所执着的，都是象征性的符号。

执着什么呢？让我立刻想到的，就是"成功"与"完美"。成功与完美都是一种象征，是由个人及群体共同建构而成。

差别就在于，有些人跳脱框架，质疑反问；有些人则全盘接受，内化甚深。

执着来自内在的贫乏，对于自我能力的认知、角色定位、价值感及生命意义，相当狭隘及局限。

当我们没有扩展性的信念，内在的贫困意识将使我们更加聚焦于自己"狭隘""偏见"的理解，目前所没有的、目前还不足的，甚至认为现在做不到，以后也不可能。

当一个人的内在越是贫瘠匮乏，就会想要抓得更多，必须确定得更多，他才会拥有足够的安全感及踏实感。因为对他而言，未来的一切都是威胁及风险。然而这样的状态，就容易引起焦虑及抑郁，因为他让自己与威胁共舞，与风险同眠。

自己就是解药，相信就能看见

我们都听过转念，也尝试着要转念，只是效果都差强人意。问题到底在哪里？

我们对于转念的理解，多半是先有改变的想法，接下来就能朝正向发展，因为有了想法，就有了付诸行动的可能。然而，问题就卡在这里，认知和思考是非常顽固的，你有你的僵化，我有我的固执，道理人人都知道，但是知道完全不等于做到。知道与做到不只是一线之隔,而是天差地远。

所以才会有"傻人有傻福""聪明反被聪明误"这两句话的流传。能够交付信任,愿意相信,不多问而去做的人,往往改善得多,进步得快。

创造苦难的终结,让它进入完结篇

许多书籍都在探讨原生家庭的创伤,确实,我们都受到过去成长经历的牵绊、影响,甚至是束缚。然而,在此我想要分享一个观念,那就是:

我们都受到过去的影响,但我们不是受到过去所决定。

当下,就是改变的起点,转化的可能。你当下的每一个意念,就可以左右、影响及改变未来。你决定左转,会遇到这群人;你决定右转,就会碰到另外一群人。而若是你决定原地不动,就会重复经历相同的事件。

当你拥有扩展性的信念,只要你愿意往前跨出一步,前方就有未知的可能。过去的经验不会反复发生,因为促成过去经验发生的环境条件已经改变。你选择了要做什么事,不做什么事,所有当下的决定,都会联动改变后面的发展。

我们都能终结苦难，让它进入完结篇。

因为我们会用扩展性的信念，去写未来的剧本。

别让他人的忠告，反成为"善意"的束缚

乐于分享而成为网红、博主，却变得"压力山大"

只要你不是住在无人岛，而是处在社会中，置身团体情境里，不免就会经历并且感受到，身边的人对于你抱持着或高或低、或多或少的期待，抑或是给你忠告及提醒。而这些很可能造成你的压力，进而引发了抑郁。

如果这些期待、忠告及提醒带有尖刺、来者不善，或许我们还比较能够站稳立场，进而不接受、不采纳。当然对于有些人而言，可能这个部分是难以抵抗的，于是只能照单全收，全部吞下。

然而真正困难的是，当这些期待、忠告及提醒确实出于善意，也是关心时，就会让我们陷入强烈的矛盾及挣扎，不

仅是跟身边的人，还会自己和自己纠结矛盾。因为有些外在的期待、忠告及提醒，是"现在"的自己力有未逮、做不到的，而不是我们自己真的不想要。

真心想要却又做不到，就是一种深深的挫败

虽然这些出自善意的期待、忠告及提醒，对你而言没有危害，甚至还是对你有益处的，但却无法让你觉得快乐。因为你无法顺着你"此时此刻"的内心而为。你必须提早追赶，不能够依循着自己的节奏，而当内外不一致，压力就会跟着到来。

其次，我们也会想着，如果不接受他人的忠告及关心，是不是也代表了我们不识好歹，是个没有良心及不懂得感恩的人呢？于是内心深处真正的感受及想法，就更难表达出来。

其实，这反映出一个深层的心理，那就是我们还没有，也不敢成为自己生命里的权威及主宰。意思是说，如果你没办法成为自己生命里的主宰，就会很容易受到外界的影响及左右，进而产生动摇。

这就很像，你原本只是乐于分享资讯，希望让朋友们能够更快速地了解各个地方的美食信息，所以开始写推文，开

始有了个人账号。没想到一个不小心做得太好，朋友们都来提醒你：发文格式这样写会更好，照片要那样拍才对；每周更新一次太慢，两天一次才算好……

林林总总的好心建议，让你益发焦虑，开始吃不下、睡不着，觉得自己不够好。原本只是兴趣，现在却被要求做到职业级。虽然你也希望自己能更好，但这样的速度，你真的跟不上，目前也确实做不到。你知道他们不是嫉妒，不是为了挖苦你，而他们提出的也确实都是中肯的忠告、善意的提醒，然而这些善意却让你的压力，快要超出临界值。

从他人的善意挣脱，为自己负起全责

想要摆脱前述困难，我们必须学习为自己生命的一切负起全责，才能跨越所有出于善意的束缚。

希望我们成功；希望我们有好的事业、好的归宿；希望我们会是好爸爸、好先生、好儿子、好女婿，或是好妈妈、好太太、好女儿、好媳妇……从某个角度而言，这些出于善意的期待并没有错。

我们也会希望自己变好，希望自己能够进步，而不是变坏，甚至变糟。就像我们不会喜欢，或是去感谢那些希望我们过得很惨的人。然而也因此，我们更不容易看透善意带来的压力,更难挣脱出于善意的束缚及困境。

所以,若要挣脱善意的束缚,我们必须成为自己生命的主宰者。这就代表了,我们必须负起全责。

为什么为生命经历"负起全责"这么重要呢?

因为这代表了你将拿回人生的主导权,你有能力,你也有力量去改变让你受困、抑郁的任何经历:**把自己放在一个有力量、有能力改变的位置,不受制于环境,还有他人。**

如果我们不想负责,不愿意负责或认定我不需要负责,最常出现的想法就是:"这怎么会是我的错呢?"

都是他的错,制造压力的是他,怎么会是我?

是他给出的期待,所以该负责的是他,当然不是我……

我们会觉得所有遭遇到的困难,都是外界因素,也就是其他人所造成。可是我们永远要认清一件事情:**改变自己,永远比改变别人更简单。这也是最脚踏实地的一条路。**

回到前述的例子,你就是不想要更新得那么快,你就是喜欢简约的发文格式,不喜欢太过繁复及华丽的语言。你的拍照角度有你自己的偏好及风格,那么你就该看见、承认并尊重自己的感受,同时顺心而为,成为自己生命的主宰。

越不了解自己，就越没有确定感

没有主见的人，所有意见都会想要参考他人，对于所有要求也都会拒绝不了。没有定见不一定是耳根子软，可能是对自己不了解。无论是自己的能力、资源及状态，还是对于未来所有可能的发展，都不曾深思熟虑，也不曾想明白过。

什么时候人们会特别想去请教别人的建议，希望别人来帮自己决定呢？就是自己没有方向感的时候。其实各方建议都能纳入参考，只是自己生命里的决定，终归都要自己做，因为你的人生是属于自己的。

听从别人的好意，遵循他人的安排，等于是让旁人来打自己手中的牌。

交付给他人决定，好则好已，但若是结果不好，基于心理防卫机制，我们多半不会检讨自己、自我反省，而是会去责怪旁人插手自己的事情，介入自己的棋局。然而，这不仅破坏了人际关系，也会又一次减少我们从中学习、反省及磨炼勇气的机会，失去解决问题的能力。

拒绝善意，比拒绝恶意更需要勇气

我们常会在乎别人的感受，担心别人被拒绝会不好受，所以就难以拒绝别人的善意。然而，即使是善意，你也不一定要接受。因为善意到来的这一刻，不一定是对的时机，你可能还没准备好，毕竟你有你的规划，也有适合你的节奏。

适度拒绝善意，是我们对自己人生负责任的方式，也是我们必须磨炼的勇气。

勇气不只是用来跟外界对抗，更是用来成为真实的自己，如此才有能力松绑自己，解开善意的束缚，不再微笑抑郁。

为人生负起全责，从善意的负担及包袱中解脱，我们都可以是自己生命的主宰者。

不再知觉扭曲,需要锻炼弹性
明明得到很多赞和正向回馈,却只看到恶毒的留言

记得十多年前,当时的我正在就读研究生,读到了一篇针对厌食症患者的研究。

心理学家让患者看着镜子中的自己,然后让他们评估自己现在实际的身材和体态。让人意外,也毫无意外的是,厌食症患者"眼中"的自己,比起实际上的样子更丰腴,也就是更胖。因此,他们总是对自己不满意、更厌恶,会更加严苛地节食,无视自身的节食行为,已让健康状况大大地响起了警铃。

这让我想起了"知觉扭曲"的概念,这也是许多人抑郁及痛苦的根源。

什么是知觉扭曲？

每个人都是活在自己的主观世界，这无可厚非。也因此，我们自身的判断、信念、态度及价值观，会决定一件事对于我们的意义及影响。而同一件事，对不同的人，就会有截然不同的感受、发展及结果。

这就像一名妙龄女子，身高165厘米，体重50公斤，体脂肪也只有20%。对许多人而言，这样的身材已是让人羡慕得紧，甚至还偏瘦了些。但若是她有知觉扭曲的倾向，就会永远觉得镜子中的自己仿佛多了10公斤。试穿衣服时，若不是穿最小尺码，就是觉得自己变胖了，觉得自己外形难看、身材变糟，自责无法管好自己的嘴、无法自律……这些自我批评的倾向，会让她益发焦虑，并且陷入抑郁。

许多人都有知觉扭曲的倾向，不仅是对于外形的追求，还可能发生在不同层面，差别只是程度不同而已。像是：有多少人关注我的微博？有多少人给我的朋友圈点赞？有多少人观看我的视频？数字明明很多，却总是觉得不够；留言多半都很温暖，却只看到了恶毒的那一个。

知觉扭曲，就是只用自己的角度去理解事情、诠释现实；无法参考其他人的意见、想法及方式，也不能接受事情的成因；看不到一个人背后的动机其实存在更多的可能性，而这些可能性与自己的立场矛盾、对立。

这就好比，我们时常听到有人用"倔""固执""不开窍"等词语来描述一些人，再怎么好言劝说，就是听不进别人的话，继续坚持己见，相当冥顽不灵。我们多半会觉得这样的人修养差、脾气硬，但其实还有另外一种可能性：因为他们自身的知觉扭曲，导致他所理解、看见及感觉到的事实，跟我们的大相径庭。

当然，反之，会不会是我们自己的知觉扭曲，才让我们极度想要说服别人相信自己，认为"你应当依照我的判断、信念及价值观行事"？

两者都有可能，因为这就是"可能性"。

知觉扭曲下的冲突抑郁

知觉扭曲不仅会带来人际关系的争执，彼此相处的冲突，也会给自己带来痛苦。

人有一种有趣的倾向，我们喜欢一致性，它让我们感受到舒服，所以我们会喜欢待在同质性高的团体，支持相同的人，拥护一样的信念及价值。最明显的例子，就是职场中。若是意见不合，立场不同，就会让人出现不一致的不舒服感受，让人想要争论、反驳及捍卫；进而达成一致。

而在各自知觉扭曲的状态下，就会产生不必要的冲突及争端。

那么，知觉扭曲为何会带给自己痛苦呢？因为客观现实明明就已经很好，然而自己却总是觉得不好、不够。比如，你的期末考都已经考到九十分了，多数同学都难以望其项背，他们只差没有偷偷拜托你下次借他抄答案，但你还是觉得：自己很糟糕，竟然会错五题，这不能算粗心，是自己愚蠢。轻则情绪低落，重则陷入抑郁。

不再误解，深入抑郁

知觉扭曲带来的，是会去错误地理解事情、诠释现实及认识自己。我时常深有所感，认识自己是一条终其一生都要全神贯注、全力投入的道路，因为你的内心就是一个宇宙，你的思考、情绪感受、人际关系及生命经验就是浩瀚的银河。

有些人不曾认识自己，有的人是对自己认识不够，但还有一种，是错误地认识自己。他们对于自己的认识总是停留在别人告诉他的内容，停留在他过往阅读的其中一页，从此不再更新，接着就相信了一辈子。他没有与时并进，也没有打破砂锅问到底，活得好也就算了，但如果活得不好呢？活得不好的人，不是焦虑，就是抑郁，但通常焦虑和抑郁如同劳莱与哈台[1]，是一同出现的。

《一流的人如何保持巅峰》中有段话让我非常欣赏，那就是："链条的坚固程度取决于最弱的环节。"对于微笑抑郁的人，正是如此。

一个人的身心健康就如同链条的坚固程度，那么链条最弱的环节会是什么呢？是肉眼看不见的问题，也就是当事者的心理因素。

每当许多自杀新闻传出时，都会让所有人，尤其是他身边的亲友都感到震惊且不敢置信，因为我们都没看出来，她脸上的微笑只是面具，他内心的抑郁如同深海。

对于人心的了解，哪有表象这么简单。

耐心打造弹性

处理知觉扭曲，首先需要打造弹性。我们必须先有一个认知，硬碰硬不会有好结果，只是浪费时间而已。

想要帮助微笑抑郁的人进一步看见自己的知觉扭曲，接受更多的可能性，不能只是理性劝说。

---

[1] 劳莱与哈台：20世纪二三十年代，美国当红的喜剧双人组合。

硬碰硬就是停留在理性劝说的层次，多半是一种我希望你听话，我想要说服你的状态；这个时候往往只会激发当事者的心理防卫机制，不是他刻意与你对立，不是他不愿意相信你，而是他的知觉扭曲已经累积太多，这是属于他的主观现实，难以立即改变及抛弃。

换个角度想，我们自己也没这么容易被说服，不是吗？

助人需要耐性，知觉扭曲的转变也是。

行到水穷处，坐看云起时。坐看就是"等待"的艺术，生命的智慧都会在里面完成。

正视不被接受的情绪

跨越评价焦虑，看见否认机制

"怎么可能不在意？！"

我们每个人都活在评价焦虑里，差别只在于程度高低，涵盖内容多寡而已。

与微笑抑郁有关的其中一项危险因子，就是来自社会文化的价值观（Judgment）。表面上，价值观来自个人，因为每个人的价值观都不尽相同。然而，价值观其实受到社会文化深刻的影响，并受到环境中所有人、事、物的潜移默化：遇过哪些人，读过哪些书，成长在什么样的家庭，置身在什么样的社会，甚至活在什么时代，都是塑造我们价值观的背景因素。只是我们活得浑然不觉，因为所有人都是如此，我们便往往选择去"习惯"及"适应"。

价值观引发评价焦虑

为什么价值观的影响这么重要呢？因为它会进一步勾起我们内心深处的"评价焦虑"。也就是我们会时时检视，甚至担心自己的行为表现，有没有符合这个社会的期待。例如：

"别人都是怎么看待我的？他们都是怎么评价我的？"

"我在他们的心中到底有多少分？我够不够好？"

"如果我没有做到某件事，是不是不合群，甚至是太怪异？"

因此，才会有大龄剩女、凤凰男等名词，或是男儿有泪不轻弹、名校光环等价值观及标准。随之而来的，是重重的束缚和层层的压力。

如果我们的社会不强调"男大当婚，女大当嫁""传宗接代""不孝有三，无后为大"，可能就不会有大龄剩女、不婚族、代理孕母及试管婴儿的出现。因为结婚与否、跟谁结婚、几岁结婚、生不生子还有生男生女，都没有所谓的"标准"。

来自社会文化及环境的价值观如同度量衡，每个人都会被待价而沽，进而被贴上滞销、有问题的标签，并且被评分。这些标签及分数，有着贬抑的意涵，表示你不符标准、拿低分，也等于是一种耻辱。所以分数不高、嫁不出去、娶不到老婆、生不出孩子，就会被人揶揄或羞辱。

为了不显得特立独行，不被当成异类，我们倾向于让自己顺从大流，符合社会期待及标准。所以，若是我们身处在不鼓励表达情感的社会，我们就会压抑及否认自己。因为表达情感、显露情绪，等于是在吸引关注，而这些都是弱者的表现，是懦弱、没用，也是无能。

在这样的社会里，怎么能够哭出来呢？不能。怎么敢把心事说出来呢？不敢。想要跨越世俗评价，勇敢追求自己真正想要的，不去在意别人的看法，确实很难，不然《被讨厌的勇气》不会引发关注，甚至大卖。

心中有苦，却不能，也不敢说

此外，如果身边的人告诉你，困扰你的问题根本只是 A piece of cake，这只是一点小事，轻轻松松就能克服及处理，如果问题没解决，就代表你还不够努力。这种情况下，你就会更不敢说出自己的苦恼，但你束手无策，也不敢寻求协助。

当你心中有许多苦，试图寻求协助前，却发现身边充斥这样的价值观及氛围，你就不愿意，也不太敢去表达想法，流露这些可能被当成 loser 的情绪感受了。这也是许多男性的困境。他们有心事，多半都会说自己没事，不然就是借酒浇愁，最后酒精成瘾。但酗酒何尝不是抑郁的另一种表现形式？

男性多数都很压抑，他们被期待要当一家之主，顶天立地的大丈夫，怎么可以输，怎么可以哭，怎么可以当家庭主夫？若是不幸遇到裁员，即使已经失业，也是每天西装笔挺假装出门，实则去公园或遇不到熟人的地方坐一整天；再不然就是窝在家中，沉迷游戏，逃避面对现实。

对他们来说，真情流露、痛哭流涕等于丢脸；流泪和求助是失败者的象征，会被别人加上"你不是男人"的标签。不只是标签，更是一种耻辱及污点，而这也会成为来自社会集体的歧视，连无关紧要的闲杂人等，都可以来指指点点。久而久之，他们只能压抑，也只能否认：压抑自己的情绪感受，否认现在的自己需要旁人关心及协助。

娘娘腔、爱哭鬼、你还是不是男人……这些看似戏谑的玩笑话，却是多少男人都害怕的标签。我们以为社会在进步，其实速度还是很慢。

不只是社会的评价让他们痛苦，其实他们也在被自己评价着。因为他们内化了社会文化的价值观，用同样的标准来要求自己、检视自己，认为"我不能停下来""我不能平凡""我必须事业有成""身为男人就该是铁铮铮的硬汉"。然后,压力越来越重,枷锁越来越牢。

跨越评价焦虑,要先看见自己内心的否认机制

全球主流的男性形象都倾向于独立、勇敢、坚强、阳刚……所以,流泪、柔软、脆弱、求助等词汇都不符合文化的期待、形象的诉求。男儿有泪不轻弹,要有男子气概,要有责任有担当……这些期待,就成了男性一生的桎梏,让男性无法表露内心,把真实想法及感受关闭得更紧。也因为这样,男性往往比女性更不愿意去寻求心理健康的相关协助,即便他们的内心是多么无助。

我们都听过"恼羞成怒"这个词,它就是否认的机制。因为否认是没有弹性、没有空间也非常强硬。被说中心事的人,就如同惊弓之鸟,或者会被激怒,想要立刻驳斥。因为这些正是他们不想被看见的软肋,不想被碰触的情绪。

揭露心事，从自己开始

能够让你放松、自在及交付信任的人，不一定是家人，还有可能是朋友，因为他们是能够接纳你、包容你，也是对你的要求与期待最少的人。

所有秘密都渴望一个出口，所有情感都需要流动。可是我们都很怕被人否定，很担心会碰壁，很害怕不被当成一回事。于是心门越关越紧，越久越抑郁。微笑抑郁的人，戴着"我没事"的假面具，不是因为他们内心真的没事，而是他们不确定，甚至不再相信，有人能倾听，有人能同理及支持他们，并且能不给予评价，能不怀抱期待。

如果你的身边有微笑抑郁的朋友，要如何帮助他们，让他们能够自我揭露那些困扰已久的心事呢？

那就是：从你开始，主动自我揭露。

为什么真实的生命故事能激励人心，能融解寒冰，让阻挡在你我之间的高墙倒下呢？因为真诚至上，真实的力量最强大。自我揭露也是一样，你的生命故事，你的情感流露能帮助微笑抑郁的朋友，卸除防卫机制，进而打开他们的心房。

当你拥有扩展性的信念,只要你愿意往前跨出一步,前方就有未知的可能。过去的经验不会反复发生,因为促成过去经验发生的环境已经改变。你选择了要做什么事,不做什么事,所有当下的决定,都会联动改变后面的发展。

我们都能终结苦难,让它进入完结篇。因为我们会用扩展性的信念,去写未来的剧本。

如何让自己快乐？

快乐不是天注定，而是可以学习、锻炼及强化的能力

耶鲁大学自创校三百多年来，最火红的一堂课，是由劳丽·桑托斯（Laurie Santos）所教授的，近四分之一的大学生都抢着选修。她告诉我们，到底要如何才能够快乐，答案并不复杂，甚至可以说相当简单。

其中几项，你可能都听过，只是没有尝试过，或者深思及剖析过。她也一再提醒，我们相信了一辈子的"成功就会带来快乐、金钱、名利及地位，而这些就是幸福人生的保证"，这样的人生规则，又再次被推翻了。

她提出了十个建议，罗列如下：

- **快乐操之在己，你有能力让自己快乐**
  We can control more of our happiness than we think.

我们时常把快乐寄托于外在事物，同时却小看了自己能够打造快乐的能力，还有感受到幸福、喜悦的程度。光是通过观念的改变，还有更多的自我觉察，你就会发现，原来你能从微小的事物中感受到喜悦。

怎么说呢？

闭上眼睛，回想一下今天所发生的一切。

让你发自内心感到喜悦的事有很多，也许是今天早上经过公园时，见到了一只可爱的柴犬；或者是在上班的途中，正巧穿过一个绿意盎然的公园。又或者，中午排队购买午餐时，排在你前面的男士看你神色焦急，让你先点餐；或者端着餐盘绕了员工餐厅好几圈，就是找不到位子时，正巧有人主动让出位子给你。

改变思考方向及关注的焦点，就能改变心情，你当然可以是快乐的主人。

· 外在环境及生活事件，没有这么了不起
Our life circumstance don't matter as much as we think.

"人若衰，种匏仔也会生菜瓜。"这句台湾谚语的意思是，千错万错都是环境的错，娄子都是别人捅的，一切都是命运捉弄。

外在环境及任何日常琐碎或重大事件，当然会影响我们的情绪，但是我们的人生并不会因此拍板定案，不是一切都

是由外在环境所决定的。

·持续练习，就能变得更快乐
You can become happier but it takes work & daily effort.

快乐是可以学习、锻炼及强化的能力。意思是，快乐不是基因决定的，我们并不是无能为力。你必须愿意学习，持续练习，就可以通过不同的方式开发及强化。

就像写作、跑步还有学习乐器。没有人天生就是作家，没有人可以不通过练习，就能跑完全程马拉松，也没有人生下来就会拉大提琴。关于这点，可参考本书针对生理层面的"神经可塑性"文章。

·心智会骗人
Your mind is lying to you a lot of the time.

在这个崇尚科学、推崇理性的时代，更常见的一种情况是"聪明反被聪明误"。因为我们对于自己脑袋中的想法，总是深信不疑，过度相信眼见为凭。但别忘了，骗局是可以设计的，我们现在所信奉的真理，也许十年或三十年后，就被推翻了。

就像我们都相信，成功会带来快乐，富有的人也一定很幸福。确实，财务自由会让人快乐，但无限上纲地追逐金钱，却是一个无底洞。如果只要有钱就能够快乐，那么住在豪宅里，却只能靠安眠药入睡的人，又是为何？

·人与人的联结让你快乐
Make time for making social connections.

无数研究都已证实，人真正需要的是"联结"。不然为何有这么多的人，频频在网络上发动态，无论大事或小事都要宣告及分享？不只是熟悉的家人、同学、亲戚及朋友，连素未谋面的网友，都可以是鼓励、安慰及支持自己的源头。

因为我们都渴望被看见，需要被回应，想要跟人联系，期待被肯定……种种的心理需求，就成了社交媒体上的互动现象，呈现出各式各样的样貌。然而，我们都需要回到真实的人际关系中。离开手机及电脑屏幕，看看身边的人，想想心中那些重要的人，你有多久没有好好地与他们彼此倾听、注视、讨论及分享了呢？

·"利他"让你更快乐
Helping others makes us happier than we expect.

"施比受更有福""助人为快乐之本"，这些话我们都听过。首先，当你帮助了别人，别人发自内心流露出来的笑脸、言语上的感谢，都会让你感受到自己存在的价值，看见自己帮助他人化解困境的能力。

其次，当你把注意力的焦点放在他人身上，绞尽脑汁地想要帮助对方找出解决方法时，你就减少了不断反刍自己生活中所有衰事的时间及心力，也不会越想越抑郁。简言之，不是你不再执着，而是没时间执着了。

- **每天都要感恩**
 Make time for gratitude everyday.

许多知名人士都分享过感恩练习,也提及感恩练习的重要性。他们通过每天在网络上发文来记录,当然你也可以写在随身携带的笔记里。

感恩练习为什么有助于提升情绪呢?其实道理很简单,因为它能帮助你看见及聚焦你所拥有的东西,而不是那些你渴望拥有,但是目前没有的东西。

我们都因为拥有而心满意足,因为失去或匮乏而满腔痛苦。所以,每一天都要心怀感恩,这么做能让你看见身边早已拥有的一切。

- **健康习惯非常重要**
 Healthy practices matter more than we expect.

良好生活习惯的重要性无须多说,重点在于要"做"。

无论是饮食、运动还是睡眠,都是照顾情绪的关键因素,缺一不可。试想,没有健康的身体,哪来快乐的情绪?

在这里我想要分享的是,睡眠形态取决于你,如果你没有办法睡到一般成年人的平均时数,你并不需要过度焦虑,甚至抑郁,而因此有了压力。你只需要检视自己每天醒来的精神及活力,能不能迎接日常工作之所需。

·拥有自己的时间
Become wealthy in time not in money.

看起来稀松平常的观念，其实指出了一连串犀利的问题。

最表层的问题是："你有没有属于自己的时间？"

更深一层的问题是："你对于自己生命的掌控度及支配性？"

再深一层的问题是："你的自我价值感是高或低？"

意思是，你有没有、能不能把自己放在首要的位置，把分秒流逝、无法倒退的时间，预先保留给自己？还是你都把时间先用来满足其他人的命令、要求及需求？因为你认为自己不那么重要，所以给自己的时间，总是别人用剩的，只留了一点点。

我们都听过，时间就是金钱，但是对我而言，时间就是生命。我们都要珍惜时间，因为那是对于自己生命的重视。

·享受就在当下
Being in the present moment is the happiest way to be.

活在当下就能快乐。因为唯有当下，是你能把握及改变的。过去已过去，未来还没来。许多焦虑抑郁的人，都是追悔着过去，或是担忧着未来，然而这些都是无法掌控，也无法努力的。

当下就是眼前，眼前就是快乐。眼前的所有一切，你看见了吗？你听到了吗？你闻到了吗？简言之，你感受到了吗？经过面包店时，传出一阵又一阵刚出炉面包的诱人香气；走到户外，吹拂过来亲吻脸颊的轻柔微风。把这些微小的感受，转化成当下的享受，你会更快乐。

活在当下，就能播种希望

每个人都需要希望感

"我不知道活着要干什么。"

他幽幽地吐出这句话，然后看着我，仿佛希望我能回答。更贴近他，进一步仔细看时，发现他两眼无神、目光空洞。他只是把这句话说出口，并没有等着我的解答，因为他把内心几乎都关闭了起来。

面对做了几乎一辈子的工作，突然感到索然无味、失去动力。没有结婚也没有小孩的他，长年都是一个人生活，因为老家在东部，只有逢年过节才会跟家人聚首。工作近三十年，却迎来了彷徨的阶段。

"那么你平常的生活呢？没有工作的时候呢？"我问他。

他说，工作占据了大多数的时间，每天回到家都晚了，也累了。年轻时会跟同事出去吃饭，后来大家各自有家庭要忙，有孩子要回家照顾。他生性内向，也不会主动去开拓人际关系，认识新朋友，除非有朋友找，不然多数时候就是一个人。他没有什么兴趣爱好，也没有休闲嗜好，更遑论工作以外的专长。不用工作的时间，就是看看电视、去公园走走，再不然就是去大卖场。日子不知不觉，也就这样过去了。

听起来不是太特别，甚至可以说是相当寻常。不知不觉就进入了中年，甚至一个眨眼，就进入了老年。

年老就等于衰败吗？

我们都听过一个段子："中国人怕鬼，西洋人怕鬼，全世界的人都怕鬼。"但是明明没有多少人真正见过鬼。不过，有件事，也许你还没经验到，但迟早会经历到，那就是"老"。

问题从来都不是老，因为婴孩会长成少年，少年会成为青年，青年会进入中年，中年会进入老年。说穿了，这是身为人类必然经历的过程，也都是成长阶段的一部分。所以，老并不是一件可怕的事情。

问题在于,许多人相信,年老就是衰败的开始。那是个负向的自我暗示。

事实上,如果你愿意环顾四周,或去街头走一走,瞧一瞧,你会发现许多中年人,都活得相当精彩,许多老年人,更是活得痛快的人生典范。

几年前我读过一本《三大叔乐活退休术——如何及早打造黄金人生下半场》。这本书分成三个部分,乐活、理财、健康的必要及重要性。而我最关心的,就是如何"过生活"。

作者田临斌提到,刚退休的时候,他有好长一段时间,每天醒来都不知道要做什么。那段时间反而是难受的,完全不像多数人所想象的,退休就等于自由,不用工作就能过得快活。

当你不知道人生到底要干什么,不知道每天醒来有什么好期待,有哪些事可以做,基本上你就会比较接近空虚、无聊、焦躁,甚至是抑郁的那一端。为什么呢?因为抑郁的一项特征,就是对未来失去希望感。

年轻时,可以追求外在的事物,追逐成绩、名次、地位及掌声,甚至是无懈可击的外貌:男人要帅气,女人要美丽。然而,这样的人生模式迟早会遇到一个重大的缺口,那就是夜深人静时,蓦然回首,会突然自问起:

"这一切努力,究竟为何?"

"我到底想要什么?"

"眼前的一切,真的都是我想要的吗?"

人不是一台机器,有同一个模组,就能运转一辈子。无聊、无趣的人生还不打紧,重点是慢慢地你会发现,怎么自己白白活了一辈子,然后开始感到不甘心。而这,也是中年危机的一部分原因。

允许自己有"过渡"的阶段

面临人生重大关卡,经历生命转衔阶段,往往会让人失去希望及信心,因而陷入抑郁。我们往往有个很大的迷思,以及自己所建构的重重压力,那就是不允许自己拥有"过渡"的阶段。

我们看到的都只是别人生命里的片段,容易忽略掉每一次风光的中间,其实也存在着很多痛苦、难过、挫败、焦躁、想要放弃的低潮。而这个低潮,就是所有人都会经历,且有能力撑过去的过渡阶段。

也因为我们只看到表面的片段,就更容易产生一种误解,觉得要解决这些困难，对别人而言都是轻而易举的，但"对我来说却是百般费力"。于是更加认为自己没用，越想越无力，越来越抑郁。

其实，所有的成功人士，一定都走过他生命当中的低潮时期，那段时间他在谷底盘旋，在人群背后流泪。如果没有过这段盘整资源、砍掉重练的时间，他怎能在往后绝地重生？

当我们越急着解决问题，不允许自己拥有过渡的阶段，往往也会制造出更多问题。因为我们给了自己更多的压力及限制，认为自己必须赶在时间内完成，必须立刻找到生活的重心、生命的意义。这些时间限制都是庞大的压力，而压力源不是来自别人，正是我们自己。

活在当下，就是替未来播种希望

活着要干什么？活着要干的事、可以干的事、值得干的事可多了。不去思考未来，正在当下的你，还有多少陌生、奇特、新鲜、有趣的事没有尝试、体验过？

为什么知易行难？因为许多人都把梦想及理想定位得太过遥远，仿佛必须是一番大事业，即便旅行，也必须得是山高水阔，至少去欧洲自助旅行一百天，因为国内旅行实在上不了台面。我只能说，真是想太多！

其实，只要起身走出门，转个弯去街角新开的咖啡店坐一坐，品尝不同庄园的咖啡豆，探索不同冲煮方式的风味，就会发现原来自己了解的还不够多。你可以回家上网报名一个咖啡学习及体验课，那时，坐在不同桌的陌生人，也可能是你未来的新朋友，甚至是能够交心的好朋友。

……

允许自己拥有过渡的阶段，你可以默默伤心流泪，也可以疯狂一下，只要不伤害自己，也不勉强自己。

给自己的生命更多弹性，就能一步步地走过低潮，还有生命中的所有关卡。你会发现，处处都是未来的希望。